高等学校"十三五"规划教材

高分子材料合成创新实验

主　编　闫　毅

编　者　闫　毅　颜　静　姚东东

　　　　张宝亮　田　楠　史学涛

西北工业大学出版社

西安

【内容简介】 本书分为四部分:第一部分介绍了高分子化学及高分子材料合成实验的相关基础知识,包括实验基本常识和基本操作。第二部分为 26 个高分子材料合成实验,包括自由基聚合、加聚、缩聚、可控自由基聚合、静电纺丝以及表面接枝制备聚合物刷等。第三部分为 4 个教学和虚拟演示实验,包括聚己内酯的单轴拉伸、凝胶渗透色谱、扫描电子显微镜以及小角 X 射线散射等大型仪器在高分子材料表征中的应用。第四部分为自行设计的 10 个自由探索和技能提高实验,包括天然高分子、超分子高分子、可降解高分子、有机金属高分子、无溶剂纳米流体、室温硫化橡胶、高吸水树脂以及新型聚合反应等前沿实验。

　　本书可作为高等学校高分子材料与工程、应用化学、化学等专业本科生的实验教材,也可作为高分子材料研究人员及专业技术人员的参考书。

图书在版编目(CIP)数据

　　高分子材料合成创新实验/闫毅主编. —西安 ：
西北工业大学出版社,2019.3
　　ISBN 978 - 7 - 5612 - 6466 - 9

　　Ⅰ. ①高…　Ⅱ. ①闫…　Ⅲ. ①高分子材料—合成材料
—实验　Ⅳ. ①TB324 - 33

　　中国版本图书馆 CIP 数据核字(2019)第 039074 号

GAOFENZI CAILIAO HECHENG CHUANGXIN SHIYAN

高 分 子 材 料 合 成 创 新 实 验

责任编辑：胡莉巾	策划编辑：杨　军	
责任校对：朱晓娟	装帧设计：李　飞	

出版发行：西北工业大学出版社
通信地址：西安市友谊西路 127 号　　邮编：710072
电　　话：(029)88491757,88493844
网　　址：www.nwpup.com
印 刷 者：陕西向阳印务有限公司
开　　本：787 mm×1 092 mm　　1/16
印　　张：8
字　　数：210 千字
版　　次：2019 年 3 月第 1 版　　2019 年 3 月第 1 次印刷
定　　价：26.00 元

前　言

　　高分子材料的合成是一门系统科学,不仅涉及无机化学、有机化学、高分子化学等基本知识,其结构确认和性能表征还涉及物理化学、分析化学和高分子物理的相关知识。高分子材料合成实验的成功开展不仅可以帮助学生全面巩固课堂的相关理论知识,还可以提高其理论结合实际、分析问题、解决问题的能力。

　　目前,国内外已经出版了多部"高分子化学""高分子实验"的相关教材。然而,随着高分子科学的飞速发展和高分子材料的广泛使用,越来越多的新方法、新技术被开发出来,十分有必要编写一本与时俱进的高分子材料合成实验教材。

　　在编写本书的过程中,我们参考了前人的多部经典教材,既选取其中具有代表性的经典实验,又结合高分子化学的最新进展编写一些新的实验,争取做到以下几方面:

　　(1)培养学生实验技能和操作能力,为将来的科研和高层次学习打下基础。无论是最基本的单体精制,还是高分子合成中常用的无水、无氧操作,在本书中均有涉及。

　　(2)与科研接轨,做好铺垫与过渡。本书主要面向高等学校高分子相关专业的高年级本科生,需要的知识储备是四大基础化学(无机化学、有机化学、物理化学、分析化学)、高分子化学和高分子物理的专业知识。本书希望改变传统实验教材"教条式""指令式"的操作,重在理论课堂知识点的活学活用,而对实验操作部分介绍得较为"笼统",给学生留出发挥的空间。

　　(3)实验的关联性和优化组合。本书中的多数实验相互关联,比如单体精制部分与后续的各实验都息息相关;可逆加成-断裂链转移(RAFT)试剂合成—苯乙烯的 RAFT 聚合—凝胶渗透色谱仪演示实验—有机/无机杂化材料:二氧化硅纳米粒子表面接枝法制备聚合物刷等 4 个实验环环相扣、逐级递进;沉淀聚合制备环交联聚膦腈微球—静电纺丝制备聚乙烯吡咯烷酮纳米纤维—扫描电子显微镜演示实验等 3 个实验有一定的关联性。

　　此外,我们还适当安排不同层次的演示性实验,让本科生提前接触和了解大型仪器。为进一步提高学生自学和实践能力,我们还设计 10 个自由探索与技能提高实验备选题目。26 个高分子材料合成实验和 4 个演示性实验都能为后面的 10 个自由探索和技能提高实验打下良好的基础。

　　在本书编写过程中,我们有幸得到西北工业大学陈立新教授、郑亚萍教授审阅全稿,并提出修改建议,在此表示感谢。感谢硕士生姚江浩、徐鹏、王继启等搜集、整理相关物理化学常数,并绘制相关表格。感谢西北工业大学2018年度校级规划教材建设项目资助。非常感谢西北工业大学出版社杨军先生和胡莉巾女士。最后,还要感谢笔者家人的默默奉献和鼓励。

由于水平、经验有限,加之时间仓促,书中难免存在不足之处,恳请广大读者批评指正。

编 者

2018 年 7 月于西北工业大学

目　录

第一部分 高分子化学及高分子材料合成实验基础

1.1 基本常识

1.1.1 实验室安全

安全是化学实验的第一要务。一次圆满的实验课不仅意味着顺利得到预期产物和数据，更为重要的是实验过程中安全意识的培养和形成。高分子化学及高分子材料合成实验过程中往往存在潜在危险，比如常常用到有毒易燃溶剂，如苯、丙酮等；易燃易爆试剂，如过氧化物、金属有机试剂等；强腐蚀性试剂，如浓酸、强碱等；高压气体，如高压氮气、氧气、氩气等。此外，化学试剂使用不当、玻璃仪器和用电设备的使用或操作不当也会引发事故。但是，只要做到对潜在危险的预估和全面防护，高分子化学合成仍然是一门安全的实验课。下面简单介绍高分子化学实验过程中经常遇到的几类安全问题及相应的应急处理措施。

1. 火警

高分子化学实验中常常要用到很多易燃有机溶剂，有时还会用到易燃的金属有机化合物，操作不当就会引发火警和火灾，以下是几种常见情形及处理方案：

（1）加热易燃有机溶剂时加热温度过高、冷凝不够彻底。

为了避免此类情形，在准备实验时应事先查好所用溶剂的沸点和燃点等常数，加热过程中注意温度探头的安放位置是否正确，注意冷凝管中冷凝剂的温度。

（2）直接使用明火加热易燃试剂。

通常情况下，在实验室严禁使用明火加热，一般使用电加热套或者油浴、水浴加热。

（3）电器质量存在问题。

实验开始前要仔细检查所用加热装置，检查是否存在漏电或者其他安全隐患。对实验所用冰箱、烘箱、制冰机等常规电器应定期检查。

每位进入实验室的人员应了解实验室的安全应急通道位置，了解灭火器存放位置和使用方法，并根据不同的起火物质属性选取灭火器和灭火方式。

2. 爆炸

高分子化学实验中常常会遇到剧烈放热反应，甚至暴聚，有时会使玻璃反应装置炸裂，导致实验人员受伤。为了避免此类事故，在准备实验时应认真了解每一个反应物质的物理化学性质，仔细阅读其材料安全数据表（Material Safety Data Sheet，MSDS）；仔细检查实验所用玻璃仪器是否有裂痕；实验过程中应佩戴护目镜等进行防护；对于有潜在暴聚可能的反应，使用大体积反应瓶和充分冷却。

3. 中毒

高分子化学实验中常常会用到具有刺激性气味的有机溶剂和试剂,有些物质经皮肤和呼吸道摄入后会对人体造成伤害。

此时应做好防护措施,佩戴防毒面具或者口罩,并在通风橱中进行操作,对回流反应进行充分冷却。

使用或者处理有毒或腐蚀性试剂时应戴橡胶防护手套,用完后及时洗手。记录数据或接触非实验用品时一定脱去手套。

4. 外伤

高分子化学实验中最常见的外伤就是玻璃仪器断裂造成的划伤。

在使用玻璃仪器时应仔细检查是否有裂痕;连接玻璃管至橡皮管时应检查二者口径是否匹配,佩戴棉手套,并用水作润滑剂,慢慢旋转接入。如果造成外伤,应取出伤口中的玻璃,用清水洗涤后涂上药水,用绷带或创可贴包扎伤口。情形严重的应及时止血,并立即就医。

使用液氮时应佩戴加厚手套,防止冻伤。

使用高压气体一定检查减压阀是否完好,切勿将减压阀对着实验操作人员。

5. 漏水

高分子化学实验中常常用到冷凝等操作,连接胶管老化等常常导致漏水。在使用回流冷凝管、制冰机、循环水泵时应仔细检查所用胶管,及连接处等。对于过夜反应要特别小心,必要时使用循环制冷泵代替自来水冷凝。

1.1.2　试剂的存放与废弃试剂的处理

1. 化学试剂的保管

实验室所有试剂,不得随意取用、带出实验室。酸、碱应分开放置;氧化剂和还原剂分开放置;烯烃等单体、引发剂等应置于冰箱保存;光敏试剂应放于棕色瓶中,放置在暗处;易水解和吸潮的试剂应于干燥器中放置;高压氮气瓶等应置于专门气瓶架,并远离油污放置。

2. 废弃试剂的处理

高分子化学及高分子材料合成实验中常常会产生很多废弃试剂或者废液,应该按照实验室要求对其进行处理。酸、碱应分开处理、收集,氧化剂和还原剂分开收集,含叠氮化合物的废液应用 NaClO 消解后专门收集,碱金属等应在反应后用醇进行降解处理后再倒入废碱液收集桶中。严禁将有机废液、固体废弃物等倒入下水道!

1.1.3　常见高分子合成实验仪器

除了使用常规有机化学玻璃仪器外,高分子合成实验还有一些专门的实验仪器,现对其做如下简要介绍。

1. 玻璃反应器皿

为了便于控制聚合体系的气体氛围,聚合反应中常常使用 Schlenk 瓶或管作为反应容器,如图 1-1 所示,配合翻口塞和下面将要介绍的双排管,可以实现无水、无氧操作。

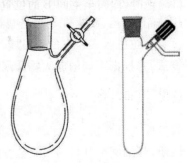

图 1-1　Schlenk 瓶和 Schlenk 管

2. 双排管(Schlenk line)

Schlenk 操作是指真空和惰性气体切换的技术,主要用于对空气和潮气敏感的反应,它是把有机的常规实验安排在真空和惰气的切换下实现保护的反应手段。实现 Schlenk 技术最常见的是双排管方式(见图 1-2),即一条惰性气体线、一条真空线,通过特殊的活塞来切换。

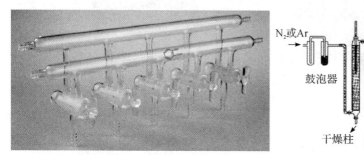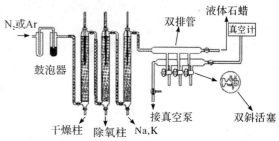

图 1-2 Schlenk line 实物图及其连接示意图

3. 真空泵

旋片式真空泵(简称旋片泵)是一种油封式机械真空泵。其工作压强范围为 $1.013\,25 \times 10^{5} \sim 0.013\,3$ Pa,属于低真空泵。旋片泵可以抽除密封容器中的干燥气体,若附有气镇装置,还可以抽除一定量的可凝性气体。但它不适于抽除含氧过高、对金属有腐蚀性、可与泵油起化学反应以及含有颗粒尘埃的气体。旋片泵的抽速与入口压强的关系如下:在入口压强为 $1\,333$ Pa,1.33 Pa 和 1.33×10^{-1} Pa 下,其抽速值分别不得低于泵的理论抽速的 95%,50% 和 20%。

旋片泵主要由泵体、转子、旋片、端盖、弹簧等组成(见图 1-3)。在旋片泵的腔内偏心地安装一个转子,转子外圆与泵腔内表面相切(二者有很小的间隙),转子槽内装有带弹簧的两个旋片。旋转时,靠离心力和弹簧的张力使旋片顶端与泵腔的内壁保持接触,转子旋转带动旋片沿泵腔内壁滑动。

两个旋片把转子、泵腔和两个端盖所围成的月牙形空间分隔成 A,B,C 三部分,如图 1-3 所示。当转子按图中箭头所示方向旋转时,与吸气口相通的空间 A 的容积是逐渐增大的,处于吸气过程。而与排气口相通的空间 C 的容积是逐渐缩小的,处于排气过程。居中的空间 B 的容积也是逐渐减小的,处于压缩过程。由于空间 A 的容积是逐渐增大的(即膨胀),气体压强降低,泵的入口处外部气体压强大于空间 A 内的压强,因此将气体吸入。当空间 A 与吸气口隔绝时,即转至空间 B 的位置,气体开始被压缩,容积逐渐缩小,最后与排气口相通。当被压缩气体超过排气压强时,排气阀被压缩气体推开,气体穿过油箱内的油层排至大气中。通过泵的连续运转,达到连续抽气的目的。如果排出的气体通过气道而转入另一级(低真空级),由低真空级抽走,再经低真空级压缩后排至大气中,即组成了双级泵。这时总的压缩比由两级来负担,因而提高了极限真空度。

真空泵常用于为聚合反应提供一定的无氧条件和真空度。

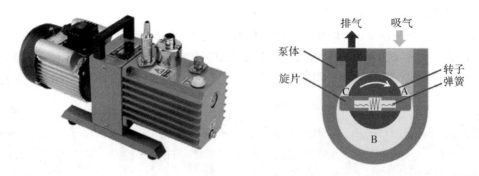

图 1-3　旋转叶片真空泵实物图及抽气原理示意图

4.液氮相关器皿

高分子合成中常常需要低温甚至超低温条件,这就需要借助液态气体来实现。常用的液态气体是液氮,其属化学惰性,不支持燃烧,沸点为－196 ℃。为了在实验室中安全使用液氮,需要使用液氮罐和杜瓦瓶(见图 1-4)来进行存储和盛放液氮。需要指出的是,人体皮肤直接接触液氮瞬间是没有问题的,超过 2s 就会造成人体冻伤且不可逆转。因此,在使用液氮过程中应佩戴加厚手套进行防护,以防冻伤。

(a)　　　　　　　　　　　　(b)　　　　　　　　　　　　(c)

图 1-4　液氮罐与杜瓦瓶实物图
(a)液氮罐;(b)杜瓦瓶 1;(c)杜瓦瓶 2

5.其他玻璃装置

除了以上玻璃仪器,高分子合成过程中还要用到油泡器、安瓶、长针、冷阱等玻璃仪器和附件(见图 1-5)。

图 1-5　油泡器、安瓶、长针、冷阱(由左至右)实物图

1.1.4　高分子的基本表征方法

不同于小分子有机化合物,高分子化合物存在着相对分子质量分布的特点,因此其表征方法也比较特殊,在此做简单介绍。

1. 凝胶渗透色谱

凝胶渗透色谱仪(Gel Permeation Chromatography, GPC)是 1964 年,由 J. C. Moore 首先研制成功的,其结构如图 1-6 所示。它不仅可用于小分子物质的分离和鉴定,而且可以用来分析化学性质相同和分子体积不同的高分子。

图 1-6　凝胶渗透色谱仪实物图

其分离原理是凝胶具有化学惰性,它不具有吸附、分配和离子交换作用。当被测量的高聚物溶液通过一根内装不同孔径凝胶颗粒的色谱柱时,柱中可供分子通行的路径有粒子间的间隙(较大)和粒子内的通孔(较小)。当聚合物溶液流经色谱柱(凝胶颗粒)时,较大的分子(体积大于凝胶孔隙)被排阻在粒子的小孔之外,只能从粒子间的间隙通过,速率较快;而较小的分子可以进入粒子中的小孔,通过的速率要慢得多;中等体积的分子可以渗入较大的孔隙中,但受到较小孔隙的排阻,介于上述两种情况之间。经过一定长度的色谱柱,分子根据相对分子质量被分开:相对分子质量大的淋洗时间短先出峰,即相对分子质量小的淋洗时间长后出峰。自试样进柱到被淋洗出来,所接收到的淋出液总体积称为该试样的淋出体积。当仪器和实验条件确定后,样品的淋出体积与其相对分子质量有关,即相对分子质量愈大,其淋出体积愈小。

其工作原理是,利用已知相对分子质量的单分散标准聚合物,预先作一条淋洗体积或淋洗时间与相对分子质量的对应关系曲线,该线称为“校正曲线”。在聚合物中几乎找不到单分散的标准样,一般用窄分布的试样代替。在相同的测试条件下,做一系列的 GPC 标准谱图,对应不同相对分子质量样品的保留时间,以 $\lg M$ 对 t 作图(其中,M 为相对分子质量,t 为保留时间),所得曲线即为“校正曲线”。通过校正曲线,就能在 GPC 谱图上计算出各种所需相对分子质量与相对分子质量分布的信息。在聚合物中,能够制得标准样的聚合物种类并不多,没有标准样的聚合物就不可能有校正曲线,使用 GPC 方法也不可能得到聚合物的相对分子质量和相对分子质量分布。对于这种情况可以使用普适校正原理。

普适的校正原理:GPC 对聚合物的分离是基于分子流体力学体积的,即对于相同的分子流体力学体积,在同一个保留时间流出,即流体力学体积相同。

两种柔性链的流体力学体积相同,即

$$[\eta]_1 M_1 = [\eta]_2 M_2$$
$$k_1 M_1^{(a_1+1)} = k_2 M_2^{(a_2+1)}$$

两边取对数:

$$\lg k_1 + (a_1 + 1)\lg M_1 = \lg k_2 + (a_2 + 1)\lg M_2$$

即如果已知标准样和被测高聚物的 k,α 值,就可以由已知标准样品的相对分子质量 M_1 标定待测样品的相对分子质量 M_2。上式中,$[\eta]$ 为特性黏度。

凝胶渗透色谱仪由泵系统、进样系统、凝胶色谱柱、检测系统及数据采集与处理系统等五部分组成。GPC 可以直接给出聚合物的相对分子质量分布信息。

2. 核磁共振波谱

核磁共振波谱法(Nuclear Magnetic Resonance spectroscopy, NMR)研究的是原子核对射频辐射的吸收,它是对各种有机和无机物的成分、结构进行定性分析的最强有力的工具之一,可进行定量分析。在有机合成中,核磁共振技术不仅可对反应物或产物进行结构解析和构型确定,在研究合成反应中的电荷分布及定位效应、探讨反应机理等方面也有着广泛应用。图 1-7 为核磁共振波谱仪实物图。

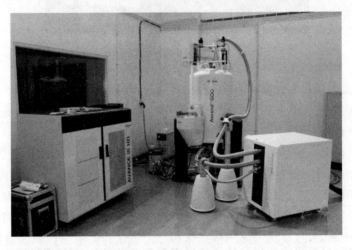

图 1-7 核磁共振波谱仪实物图

核磁共振波谱法能够精细地表征出各个氢核或碳核的电荷分布状况,通过研究配合物中金属离子与配体的相互作用,从分子水平上阐明化合物的性质与结构的关系,对有机合成反应机理的研究主要是通过对其产物结构的研究和动力学数据的推测来实现的。

核磁共振波谱法是有机化合物结构鉴定的一个重要手段,一般根据化学位移鉴定基团,由耦合分裂峰数、耦合常数确定基团连接关系,根据各峰积分面积定出相应基团的质子数比。核磁共振波谱可用于化学动力学方面的研究,如分子内旋转、化学交换等,因为它们都影响核外化学环境的状况,所以在谱图上都有所反映。核磁共振还用于研究聚合反应机理和高聚物序列结构。

^1H 谱、^{13}C 谱是常用的核磁共振谱,较常用的还有 ^{19}F 谱、^{31}P 谱、^{29}Si 谱等核磁共振谱。

核磁共振波谱可以给出聚合物链结构的信息,有时还可以用于计算聚合物的嵌段组成、相对分子质量等信息。

3.红外光谱

红外光谱原理是分子能选择性吸收某些波长的红外线,而引起分子中振动能级和转动能级的跃迁,检测红外线被吸收的情况可得到物质的红外吸收光谱,它又被称为分子振动光谱或振转光谱。图 1-8 为傅里叶变换红外光谱仪实物图。

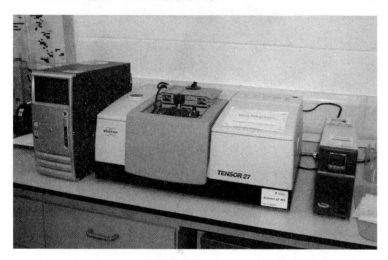

图 1-8　傅里叶变换红外光谱仪实物图

在有机物分子中,组成化学键或官能团的原子处于不断振动的状态,其振动频率与红外光的振动频率相当。因此,用红外光照射有机物分子时,分子中的化学键或官能团可发生振动吸收,不同的化学键或官能团吸收频率不同,在红外光谱上将处于不同位置,从而可获得分子中含有的化学键或官能团的信息。

红外光谱可以用于聚合物结构分析。

4.激光粒度仪

激光粒度仪是通过颗粒的衍射或散射光的空间分布(散射谱)来分析颗粒大小的仪器,采用 Furanhofer 衍射及 Mie 散射理论,测试过程不受温度变化、介质黏度、试样密度及表面状态等诸多因素的影响,只要将待测样品均匀地展现于激光光束中,即可获得准确的测试结果。

激光粒度仪主要有以下三种类型:

静态激光散射:能谱是稳定的空间分布;主要适用于微米级颗粒的测试,经过改进也可将测量下限扩展到几十纳米。

动态激光散射:基于颗粒布朗运动的快慢,通过检测某一个或两个散射角的动态光散射信号分析纳米颗粒大小,能谱随时间高速变化。动态光散射原理的粒度仪仅适用于纳米级颗粒的测试。

光透沉降:通常所说激光粒度仪是指基于衍射和散射原理的粒度仪。光透沉降仪,依据的原理是斯托克斯沉降定律而不是激光衍射/散射原理,因此这类仪器不能被称作激光粒度仪。

激光粒度仪常用来测试聚合物形成的纳米组装体的流体力学半径等参数,如图 1-9

所示。

图 1-9　激光粒度仪实物图

5. 原子力显微镜

原子力显微镜(Atomic Force Microscope，AFM)，是一种用来研究包括绝缘体在内的固体材料表面结构的分析仪器。如图 1-10 所示，它通过检测待测样品表面和一个微型力敏感元件之间极微弱的原子间相互作用力来研究物质的表面结构及性质。将一对微弱力极端敏感的微悬臂的一端固定，将另一端的微小针尖接近样品，这时它将与其相互作用，作用力将使得微悬臂发生形变或运动状态改变。

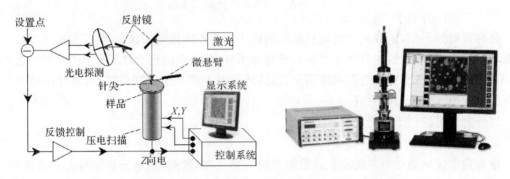

图 1-10　原子力显微镜工作原理示意图与实物图

扫描样品时，利用传感器检测这些变化，就可获得作用力分布信息，从而以纳米级分辨率获得表面形貌结构信息及表面粗糙度信息。

原子力显微镜常用来研究聚合物及其形成的纳米组装体的微观形貌。

1.2　高分子化学实验的基本操作

1.2.1　聚合反应的温度控制

温度是聚合反应的一个重要参数，精确控制温度对聚合反应十分重要。对于室温以上的反应需要使用加热套、加热块等加热装置,对于室温以下的反应则需要使用低温浴或适当的冷却剂。

1.2.1.1　加热方式

1.水浴加热

如果聚合实验的温度在 80 ℃以下,使用水浴是最佳选择。使用时,将反应器皿浸入水浴中,将磁力加热器的温度探头也浸入水浴用来监控水温。为了精确控制温度,还可以额外使用校正过的温度计监控水温。图 1-11 为工作时的控温磁力加热器实物图。使用水浴时应特别注意水量,避免因挥发造成的安全隐患。

图 1-11　控温磁力加热器实物图

2.油浴加热

油浴可以实现更高温度,常用于高温反应(100 ℃以上)。但油具有可燃性,因此使用油浴加热时需要注意其最高使用温度。表 1-1 列出了常见油浴的使用温度。

表 1-1　常用加热介质使用温度

加热介质	最高使用温度/℃	性　质
水	100	洁净、透明,易挥发
甘油	140~150	洁净、透明,易挥发
植物油	170~180	难清洗、难挥发、高温有油烟
硅油	250	耐高温、透明、价格高
泵油	250	回收泵油多含杂质、不透明

3.电加热套

电加热套是实验室通用加热仪器的一种,由无碱玻璃纤维和金属加热丝编制而成的半球形加热内套和控制电路组成,多用于玻璃容器的精确控温加热。它具有升温快、温度高、操作简便、经久耐用的特点,是做精确控温加热试验的理想仪器。

4.加热块

加热块通常为铝质的块材,按照反应器的形状,分别适用于聚合管和圆底烧瓶的加热,加热元件外缠于铝块或置于铝块中,并与控温元件相连。

1.2.1.2 冷却

有些聚合反应会放出大量的热,因此需要在低温下进行,此时就需要用冷却介质。一般的冷却都是在圆底杜瓦瓶中通过使用制冷剂完成的。表1-2列出了常见制冷剂组成及其可以实现的最低温度。

表1-2 常用冷却介质组成及最低使用温度

制冷剂	最低使用温度
冰-水	0 ℃
100 份冰＋33 份氯化钠	−21 ℃
100 份冰＋33 份氯化钙(含结晶水)	−31 ℃
100 份冰＋33 份碳酸钾	−46 ℃
干冰＋有机溶剂	高于有机溶剂的凝固点
液氮＋有机溶剂	接近有机溶剂的凝固点

1.2.2 搅拌

高分子聚合过程中除了需要温度控制外,还需要对均一性的控制。同时,由于聚合物的黏度一般较高,无论是溶液还是熔体状态,其搅拌过程均有别于小分子体系。常见的搅拌方式有磁力搅拌和机械搅拌两种。

1. 磁力搅拌

磁力搅拌器中的小型马达带动一块磁铁转动。将磁子置于反应容器中,磁场的变化可以使磁子转动,从而达到搅拌的目的。磁子(见图1-12)通常为聚四氟乙烯包裹的磁铁,具有耐腐、耐磨等优点。磁子的外形通常有棒状、锥形和纺锤状,前者适用于平底容器,后两者适用于圆底反应器。实际使用中需要根据反应物的体积和体系的黏度来选择不同形状和大小的磁子。

图1-12 不同形状搅拌磁子实物图

2. 机械搅拌

当反应体系的黏度较大或者反应体系体积过大时,磁力搅拌器就不能带动磁子转动,此时就需要使用机械搅拌器。此外,进行乳液聚合和悬浮聚合时,需要强力搅拌将单体分散成微小液滴,这时也需要借助机械搅拌。

机械搅拌器(见图1-13)由马达、搅拌棒和控制部分组成。安装搅拌器时,首先要保证电机的转轴与实验台面绝对垂直,再将配好导管的搅拌棒置于转轴下端的搅拌棒夹具中,旋紧夹具的旋钮;将搅拌器开到低档,根据搅拌情况,小心调节反应装置位置至搅拌棒平稳转动;之后才可以装配其他玻璃仪器。

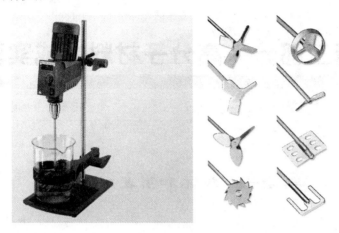

图 1-13 机械搅拌器及不同类型搅拌桨实物图

1.2.3 无水无氧操作

无水无氧操作是高分子合成的必要手段,一般通过双排管实现。现将具体操作简要介绍如下。

(1)安装反应装置,并与双排管连接好;然后小火加热烘烤器壁抽真空-惰性气体置换(至少重复三次以上),把吸附在器壁上的微量水和氧移除。加热一般通过往复移动酒精灯、喷灯火焰或热风枪来烘烤器壁,除去吸附的微量水分;惰性气体一般用氮气或氩气,由于氮气价廉,所以实验室常用高纯氮(99.99%)。

(2)加料。如果是固体药品,可以在抽真空前先加,也可以后加(但一定要在惰性气体保护下进行);液体试剂可以用注射器加入,一般在抽真空后加。

(3)反应过程中,注意观察油泡器,保持双排管内始终有一定的正压(但要注意油泡器起泡速度,避免惰性气体的浪费),直到反应完成。

(4)实验完成后应及时关闭惰性气体钢瓶的阀门(先顺时针方向关闭总阀,使指针归零;再逆时针松开减压阀,同样使指针归零,关闭节制阀)。最后打扫卫生,清洗双排管,填写双排管的使用情况是否正常,维护好实验仪器。

第二部分　高分子材料合成实验

实验一　单体和引发剂的纯化

一、实验目的

(1)了解单体和引发剂的纯化原理,掌握它们的纯化方法。

(2)纯化几种烯类单体和自由基引发剂。

二、实验原理

试剂的纯化对高分子聚合反应而言是相当重要的,极少量的杂质往往会影响反应的进程,也往往会生成副产物。对于烯类单体,为了防止单体在储存或运输过程中发生自聚,通常在单体中加入阻聚剂(苯酚类等),所以聚合之前试剂的纯化是必需的。对于固体单体,常用的纯化方法为重结晶和升华;对于液体单体,可采用减压蒸馏、在惰性气氛下减压蒸馏的方法进行纯化,也可以用制备色谱的方法分离、纯化单体。

单体中的杂质可采用以下措施除去:

(1)酸性杂质(包括阻聚剂酚类)用稀碱溶液洗涤除去,碱性杂质(包括阻聚剂苯胺)可用稀酸溶液洗涤除去。

(2)单体中的水分可用干燥剂除去,如无水 $CaCl_2$,无水 Na_2SO_4,CaH_2,钠等。

(3)采用减压蒸馏法除去单体中的难挥发杂质。

自由基聚合的引发剂有以下四种类型:

(1)偶氮类引发剂:常用的有偶氮二异丁腈(AIBN,用于 $40\sim65$ ℃聚合)和偶氮二异庚腈,后者半衰期较短。

(2)有机过氧化物:最常用的是过氧化苯甲酰(BPO,用于 $60\sim80$ ℃聚合),还有过氧化二异丙苯、过氧化二特丁腈和过氧化二碳酸二异丙酯。

以上两种引发剂为油溶性,适用于本体聚合、悬浮聚合和溶液聚合。

(3)无机过氧化物:如过硫酸铵(APS)和过硫酸钾(KPS),这类引发剂溶于水,适用于乳液聚合和水溶液聚合。

(4)氧化-还原引发剂:活化能低,可以在较低的温度(0$\sim$50 ℃)下引发聚合反应。水溶性氧化剂有过硫酸盐、过氧化氢,水溶性还原剂有 Fe^{2+},$NaHSO_3$,$Na_2S_2O_3$ 和草酸;油溶性氧化剂有氢过氧化物、过氧化二烷基等,油溶性还原剂有叔胺、硫醇等。

三、试剂与仪器

1.试剂

本实验所用试剂:苯乙烯,甲基丙烯酸甲酯,聚乙二醇单甲醚,偶氮二异丁腈,碱性氧化铝,无水甲醇,钠,二苯甲酮,甲苯。

2.仪器

本实验所用仪器:圆底烧瓶,烧杯,分离柱,100 mL 锥形瓶,减压蒸馏装置,布氏漏斗,抽滤瓶,滤纸,水泵,恒温水浴,真空干燥箱,冰箱,温度计。

四、实验内容(记录实验现象并分析)

1.苯乙烯的纯化

苯乙烯为无色或淡黄色透明液体,沸点为 145.2 ℃。通过减压蒸馏或碱洗的方法来除去阻聚剂,从而精制苯乙烯。图 2-1 为减压蒸馏装置。

本实验通过如下方式纯化苯乙烯:在分离柱中加入适量的碱性氧化铝粉末,铺平后在上方加入 30 mL 苯乙烯缓慢抽滤(见图 2-1),收集滤液,储存在烧瓶中,充氮气封存,保存于 5 ℃冰箱中。

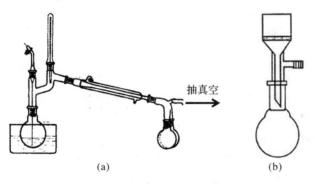

图 2-1 减压蒸馏装置和过滤装置示意图
(a)减压蒸馏装置;(b)过滤装置

2.甲基丙烯酸甲酯的纯化

甲基丙烯酸甲酯在常温下为无色透明液体,沸点为 100～101 ℃,溶于乙醇、乙醚、丙酮等溶剂。

在分离柱中加入适量的碱性氧化铝粉末,铺平后在上方加入 30 mL 甲基丙烯酸甲酯缓慢抽滤,收集滤液,储存在烧瓶中,充氮封存,保存于 5 ℃冰箱中。

3.聚乙二醇单甲醚的纯化

聚乙二醇单甲醚(PEG)通过与干燥甲苯共沸、蒸馏除水。具体方法如下:将 5 g PEG(M_n = 2 000)和 35 mL 无水甲苯置于三口反应瓶中,加热至 130 ℃,使溶液回流,通过油水分离装置(见图 2-2)除去水分,直至回流过程中没有水分出现停止加热;冷却得到澄清的甲苯溶液;旋转蒸发除去绝大部分甲苯;再用真空油泵抽除残留的甲苯,称重,干燥保存。

4.偶氮二异丁腈的纯化

偶氮二异丁腈(AIBN)是一种被广泛使用的油溶性引发剂,为白色结晶,熔点为 102～104

℃,溶于甲醇、乙醇、乙醚、甲苯和苯胺等,易燃,可采用重结晶方法进行精制。

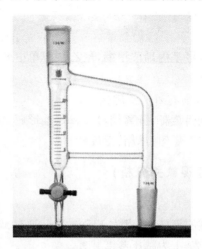

图 2-2　分水蒸馏接收管(油水分离装置)

在 100 mL 锥形瓶中加入 30 mL 无水甲醇和 3.1 g 偶氮二异丁腈,然后在 50 ℃水浴中振荡使其溶解;对溶液趁热抽滤,滤液自然冷却后,即产生白色针状晶体。结晶出现后,静置约 30 min,用布氏漏斗抽滤。将滤饼摊开于烧杯中,置于真空干燥箱中室温干燥,称重。将精制后的 AIBN 置于棕色瓶中低温保存备用。

五、思考题

(1)为什么要在商品烯类单体中加入阻聚剂?讨论可控自由基聚合和常规自由基聚合过程中单体的处理方式。

(2)在引发剂的精制过程中有哪些细节需要注意?

(3)对于自由基反应,在引发剂的选用上应遵循哪些原则?

(4)试分析在用二苯甲酮/钠干燥甲苯过程中,体系变蓝的原因。

实验二　甲基丙烯酸甲酯(MMA)的本体聚合

一、实验目的

(1)理解自由基本体聚合的原理和影响因素。

(2)掌握有机玻璃的制备工艺。

二、实验原理

本体聚合是指不使用溶剂和介质,而采用单体在少量引发剂或直接在热、光和辐射等引发条件下进行的聚合反应。本体聚合过程杂质少,产品纯度高、设备简单,可直接成型,生产成本低,特别适合制备透明样品;其缺点是散热困难,易发生凝胶效应。工业上常采用分段聚合的方式,其多用于制造板材和型材等,也常用于实验室研究,如用于聚合动力学的研究和竞聚率的测定等。

　　本体聚合是最简单的聚合方法,但其反应放出的热量难以控制。在反应初期黏度不大时,散热并无问题,但是当转化率达到20%～30%后,体系黏度增大,散热困难,此阶段的自动加速过程往往造成温度的急速上升,引起局部过热和产物相对分子质量分布变宽,严重的甚至引起暴聚,所得聚合物产品的均匀性较差。

　　聚甲基丙烯酸甲酯(PMMA)具有优良的光学性能,密度小,机械性能、耐候性好,在航空、光学仪器、电器工业、日用品方面有着广泛用途。

　　有机玻璃是由甲基丙烯酸甲酯(MMA)通过本体聚合方法制成的。MMA在本体聚合中的突出特点是有凝胶效应,导致聚合热的排散比较困难,同时凝胶效应放出大量反应热,使产品含有气泡进而影响其光学性能。因此,在生产中要通过严格控制聚合温度来控制聚合反应速率,以保证产品的质量。

　　MMA本体聚合常采用分段聚合方式。即首先在聚合釜内进行预聚合,这一阶段保持较低转化率,体系黏度较低,散热尚无困难;然后将聚合物浇注到制品型模内(薄层或特殊设计的反应器),再开始缓慢后聚合成型,此阶段的转化率和黏度较大,要求设备便于散热。预聚合的好处是:①缩短聚合反应的诱导期,并使凝胶效应提前到来,以便在灌模前移出较多的聚合热,有利于保证产品质量。②可以减少聚合时的体积收缩,因为由单体变成聚合体,体积要缩小20%～22%,通过预聚合可使收缩率小于12%;另外,浆液黏度大可减少灌模的渗透损失。

　　本实验以MMA单体进行本体聚合,实验采用两段聚合法。在烧杯中加入单体和引发剂,在加热条件下预聚。在体系黏度增大到一定程度后,将预聚物倒入事先准备的方形模具中进行恒温聚合。聚合反应如图2-3所示。

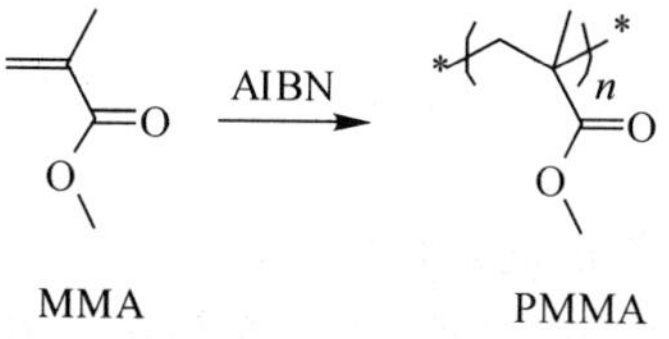

图2-3　MMA聚合反应示意图

三、试剂与仪器

1.试剂

本实验所用试剂:甲基丙烯酸甲酯(MMA)和偶氮二异丁腈(AIBN)。

2.仪器

本实验所用仪器:玻璃试管,100 mL烧杯,恒温水浴锅,烘箱。

四、实验内容(记录实验现象并分析)

1.制模

取两张硅玻璃片,洗净并干燥,在制备平板模具时作灌浆用。在两片之间的四角放上相同厚度的垫块,四边对齐压紧;先用玻璃纸将三个边封严,再在玻璃纸的外面贴一层牛皮纸加固,未封的一边留作灌料口。计算模具的容积。

2.预聚合

在 100 mL 烧杯中加入 20.0 g MMA 单体,再加入 0.07 g AIBN 引发剂,轻轻摇动至溶解。搅拌下于 80 ℃水浴中加热预聚合,观察反应的黏度变化至形成黏浆状液体(反应约需 0.5 h),迅速冷却至室温。

3.灌浆

将冷却的黏液慢慢灌入模具中,垂直放置 10 min 赶出气泡,将模口密封。

4.聚合

将灌浆后的模具在 50 ℃的烘箱内进行低温聚合 6 h,当模具内聚合物呈硬橡胶状时,升温至 100 ℃,保持 2 h。

5.脱模

将模具缓慢冷却到 50～60 ℃,去除硅玻璃片,得到有机玻璃板。

五、思考题

(1)简述本体聚合的特点。

(2)制备有机玻璃时,为什么需要首先制成具有一定黏度的预聚物?

(3)在本体聚合的过程中,为什么在各阶段控制的反应温度不同? 各阶段的具体反应温度是怎样确定的?

实验三　苯乙烯与马来酸酐的交替共聚合

一、实验目的

(1)了解共聚的概念,初步了解沉淀聚合的特征。

(2)学会苯乙烯与马来酸酐的交替共聚,了解交替共聚物的结构及聚合原理。

二、实验原理

共聚是指将两种或多种单体在一定条件下聚合成一种物质的反应。根据单体的种类多少,分为二元、三元甚至多元共聚;根据聚合物结构的不同,可分为无规共聚、嵌段共聚、交替共聚和接枝共聚。典型的共聚物有苯乙烯(S)-丁二烯(B)-苯乙烯(S)嵌段共聚物(SBS),丙烯腈(A)-丁二烯(B)-苯乙烯(S)三元共聚物 ABS 等。

交替共聚(Alternating Copolymerization)是一种特殊的共聚方式,是指在由两种或多种单体生成的共聚物主链上,单体单元呈交替(或相同)排列的共聚反应,如…ABABAB…型。理想状态下,两种不同的单体 M_1 和 M_2 必须以等分子参加聚合反应,并沿着聚合物链呈交替排列才可以发生交替共聚。不难想象,只有两种单体的竞聚率 $r_1 = r_2 = 0$,才有可能实现交替共聚。

在进行交替共聚的单体中,有的均聚倾向很小或根本不均聚。例如具有吸电子基团的马来酸酐就不能发生均聚,但它能与具有给电子基团的单体(如苯乙烯或乙烯基醚等)进行交替共聚。如马来酸酐与具有给电子取代基的 1,2-二苯乙烯都不能明显地均聚,但它们却能交替共聚。因此交替效应实质上反映了单体之间的极性效应。例如苯乙烯和马来酸酐的交替共聚,是由于给电子取代基的苯乙烯与吸电子取代基的马来酸酐之间发生电荷转移,而生成电荷转移络合物的结果。取代基吸电子能力不够强的单体(如丙烯腈或甲基丙烯酸甲酯)与苯乙烯之间只能进行无规共聚。但是如果加入氯化锌,则苯乙烯能与丙烯腈或甲基丙烯酸甲酯络合,使这两种单体的取代基的吸电子能力增强,它们都可以与苯乙烯形成1∶1的电荷转移络合物,并得到交替共聚物。

苯乙烯(S)-马来酸酐(M)交替共聚物(SMA),是苯乙烯与马来酸酐交替聚合得到的功能高分子,具有优异的尺寸稳定性和耐热性能,在分散、乳化、智能凝胶、药物传输等领域有着重要应用。目前合成 SMA 的方法有溶液聚合法、本体聚合法和沉淀聚合法等。但是,溶液聚合法和本体聚合法的后处理都需要大量的有机溶剂进行沉淀、洗涤,同时,所合成的 SMA 中酸酐含量为 35%～42%,与严格的交替共聚存在一定差距。

为了获得高酸酐含量、高产率、后处理简单的 SMA,本实验拟采用二甲苯为溶剂,通过沉淀聚合方法制备 SMA。该聚合反应如图 2-4 所示。

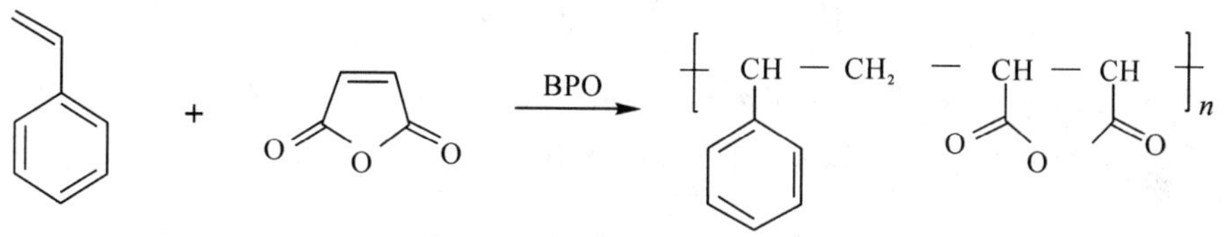

图 2-4　SMA 合成示意图

三、试剂与仪器

1.试剂
本实验所用试剂:马来酸酐,苯乙烯,过氧化二苯甲酰,二甲苯。

2.仪器
本实验所用仪器:三口瓶,回流冷凝管,机械搅拌器,数字激光转速表,恒温水浴,滴液漏斗。

四、实验内容(记录实验现象并分析)

1.实验装置准备
将三口烧瓶、冷凝管、机械搅拌器、水浴锅布置好,遵循"安装:先下后上,先左后右;拆卸:先上后下,先右后左"的原则。

2.交替共聚合
向上述反应装置中加入 6 g 马来酸酐和 50 mL 二甲苯,加热至 80 ℃使其完全溶解;将 6.5 g苯乙烯、0.12～0.2 g 过氧化二苯甲酰和 25 mL 二甲苯混合均匀后从滴液漏斗逐滴加入至三口瓶,控制反应温度不超过 90 ℃,约 30～40 min 滴加完毕。

从出现白色沉淀物起开始计时,升温至 100 ℃,反应 2 h,即可停止反应。

冷却至室温,抽滤,用石油醚洗涤,干燥,得到白色粉末状苯乙烯-马来酸酐交替共聚物。

五、思考题

(1)简述交替共聚的特点及其对聚合单体的要求。

(2)如何表征本实验合成的苯乙烯-马来酸酐交替共聚物?

(3)马来酸酐自身很难聚合,但与苯乙烯却可以很容易发生交替共聚,为什么?

实验四　毛细管膨胀计法测定苯乙烯自由基聚合速率

一、实验目的

(1)学会毛细管膨胀计的使用方法。
(2)掌握用毛细管膨胀计法测定聚合反应速率的原理与方法。
(3)验证聚合速率与单体浓度的动力学关系,求得平均聚合速率。

二、实验原理

已知自由基聚合的动力学方程,具体如下:

$$R_{\mathrm{p}} = -\frac{\mathrm{d}[M]}{\mathrm{d}t} = k[I]^{\frac{1}{2}}[M]$$

可以看出,聚合反应速率 R_{p} 与引发剂浓度 $[I]$ 的平方根成正比,与单体浓度 $[M]$ 也成正比。当转化率较低时,引发剂的浓度可以视为恒定,因此有

$$R_{\mathrm{p}} = -\frac{\mathrm{d}[M]}{\mathrm{d}t} = k[M]$$

对上式两边进行积分,可得

$$\ln\frac{[M]_0}{[M]} = kt$$

其中,$[M]_0$ 和 $[M]$ 分别是初始单体浓度和 t 时刻的单体浓度。从实验中可以测出不同时刻单体浓度 $[M]$,从而求得 $\ln\frac{[M]_0}{[M]}$,将其对反应时间 t 作图可以得到一条直线,其斜率就是聚合反应速率常数。

单体发生聚合形成聚合物后,反应体系会发生收缩,体积的改变程度依赖于单体和聚合物的密度差异,并与单体的转化率成正比。如果通过毛细管来放大这种体积变化,灵敏度将大大提高,这就是膨胀计法。单体转化率 p,聚合过程中体系体积收缩量 ΔV,单体完全转化时的体积收缩量 ΔV_{∞} 之间的相关关系为:$p = \Delta V/\Delta V_{\infty}$。由此可得,$t$ 时刻已反应完的单体量为

$$p[M]_0 = \frac{\Delta V}{\Delta V_{\infty}}[M]_0$$

t 时刻剩余的单体量为

$$[M] = (1-p)[M]_0 = (1-\frac{\Delta V}{\Delta V_{\infty}})[M]_0$$

有

$$\ln\frac{[M]_0}{[M]} = \ln\frac{\Delta V_{\infty}}{\Delta V_{\infty} - \Delta V}$$

对于一个特定的聚合反应,ΔV_{∞} 是固定值,因此只需要测定不同时刻的体积收缩量 ΔV,就可以得到相应的 $\ln\frac{[M]_0}{[M]}$,从而可以验证自由基聚合动力学方程,同时可以计算得到平均聚合速率 $\overline{R_{\mathrm{p}}}$ 为

$$\overline{R_{\mathrm{p}}} = \frac{[M]_0 - [M]}{\Delta t} = \frac{\Delta V}{\Delta V_{\infty}\Delta t}[M]_0$$

三、试剂与仪器

1. 试剂

本实验所用试剂:苯乙烯,偶氮二异丁腈,苯。

2. 仪器

本实验所用仪器:毛细管膨胀计,恒温水浴,锥形瓶,针头。

四、实验内容(记录实验现象并分析)

1. 配制聚合溶液

称取 50 mg 偶氮二异丁腈至 100 mL 锥形瓶中,加入 10～15 mL 苯乙烯,轻轻振荡使引发剂溶解完全,通过针头鼓氮气除氧 10 min。

2. 膨胀计测量体积变化

首先取上述溶液装满毛细管膨胀计(见图 2-5)下部的容器,再装配好其上部的带有刻度的毛细管,溶液液柱随即沿毛细管上升。然后将毛细管膨胀计上、下两部安装、固定好。

将下部(容器)置于恒温水浴中,记下水浴温度,保持上部在水面之外。开始,由于单体受热膨胀,毛细管液面升高,当达到热平衡后,毛细管读数稳定,记下此时液面读数。当液面下降时,聚合反应发生,记该时刻为起始时刻 t_0。之后每隔一定时间记录一次液面读数,1 h 后停止读数。聚合温度越高,记录间隔应该越短,在聚合起始时刻应多记录数据。

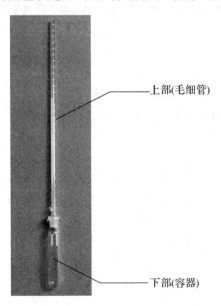

———上部(毛细管)

———下部(容器)

图 2-5　毛细管膨胀计实物图

五、数据处理

(1) 单体起始浓度 $[M]_0$。

$$[M]_0 = d/M \times 10^{-3} \, (\text{mol/L})$$

式中,d 为单体的相对密度,单位为 g/mL;M 为单体摩尔质量,单位为 g/mol。

(2)单体完全消耗时体系的体积收缩量 ΔV_∞。

$$\Delta V_\infty = V_M - V_P = (1 - \frac{d_M}{d_P})V_M$$

式中，V_M 和 V_P 分别为参加反应单体的体积，单体全部消耗时聚合物的体积；d_M 和 d_P 分别是单体和聚合物的密度。有

$$V_M = V_{50} - (50 - h_0)A$$

其中，V_{50} 为膨胀计下部（容器）以及毛细管刻度为 50 处的总体积，需要事先标定；A 为毛细管的横截面积，需要事先标定。

（3）聚合过程中体系的体积收缩量 ΔV。

$$\Delta V = (h_0 - h_t)A$$

式中，h_0 和 h_t 分别为初始时刻和 t 时刻毛细管的刻度。

（4）记录数据，列表并作图处理。

六、思考题

（1）如何标定毛细管的仪器参数 V_{50} 和 A？

（2）在自由基聚合动力学方程推导过程中使用了哪些假定？

（3）试分析当单体转化率较高时，本实验的可能误差。

实验五　可逆加成－断裂链转移（RAFT）试剂的合成

一、实验目的

（1）掌握 RAFT 试剂的合成方法、种类和性质。

（2）学会 RAFT 试剂合成技术（以三硫酯为例）。

二、实验原理

RAFT（可逆加成-断裂链转移，Reversible Addition - Fragmentation chain Transfer）聚合是一种有效的"活性"/可控自由基聚合方法，它可以严格地控制聚合产物的相对分子质量及其相对分子质量分布。RAFT 聚合能够成功的关键在于找到一种合适的化合物作为链转移剂，即 RAFT 试剂，这种化学物质应该具有高链转移常数和特定的结构。RAFT 试剂包括双硫酯类和三硫酯类化合物（见图 2-6）。

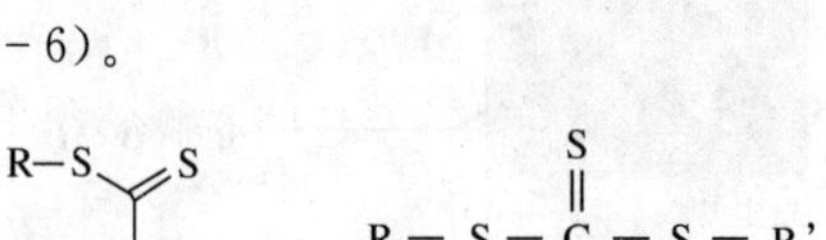

图 2-6　双硫酯和三硫酯结构示意图

以双硫酯为例，常见的 RAFT 试剂合成方法有二硫化碳合成法、十硫化四磷法和 Lawesson 试剂法等。其中最常用的就是格氏试剂与 CS_2 合成法：通过格氏试剂与 CS_2 反应，得到二硫代苯甲酸溴化镁，然后加入溴代物，即可得到目标双硫酯。这种方法条件温和、操作简单，但

副产物较多,产率低。

本实验拟采用正丁硫醇、二硫化碳、2-溴丙酸为原料制备目标羧基功能化的三硫酯RAFT试剂。其合成示意图如图2-7所示。

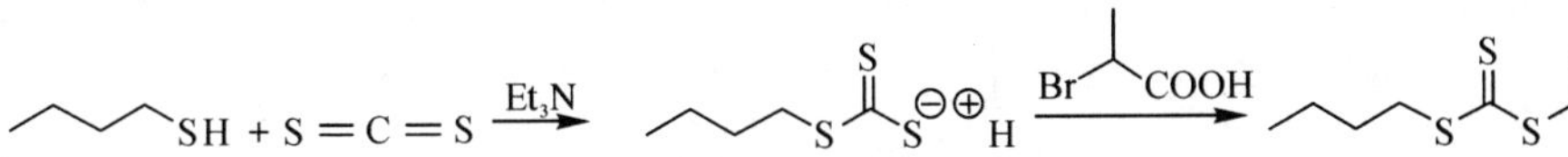

图2-7　三硫酯(BTPA)试剂的合成示意图

三、试剂与仪器

1.试剂

本实验所用试剂:正丁硫醇,三乙胺,二硫化碳,2-溴丙酸,盐酸,二氯甲烷,蒸馏水,冰块,石油醚,乙酸乙酯,无水硫酸钠(Na_2SO_4),硅胶($100\sim200$目)。

2.仪器

本实验所用仪器:三口烧瓶,单口烧瓶,烧杯,锥形瓶,冰水浴锅,磁力搅拌器,搅拌子,旋转蒸发仪,pH试纸,分离柱,分液漏斗。

四、实验内容

S-正丁基-S'-异丙酸基三硫代碳酸酯(BTPA)的合成过程和产物纯化如下所述。

1.合成过程

将正丁硫醇(1.0 mL,9.4 mmol)及三乙胺(1.4 mL,0.01 mol)溶解在12 mL二氯甲烷中;在冰水浴中,将二硫化碳(0.62 mL,0.01 mol)滴加到正丁基硫醇及三乙胺的二氯甲烷中,室温下搅拌30 min;再向其中逐滴加入1.5 mL含有1.54 g 2-溴丙酸(0.01 mol)的二氯甲烷溶液,滴加完毕后撤去冰水浴;室温下继续反应2 h后停止反应,得到粗产物。

2.产物纯化

向粗产物中加入50 mL的二氯甲烷,用50 mL 5%的盐酸酸化,并用水洗去多余的盐酸,直至pH值为中性;对得到的混合物进行柱分离(石油醚与乙酸乙酯体积比为19/1作为流动相),得到纯产品,观察产物颜色和性状,并计算产率。

相关资料:

(1)柱分离教学视频(视频网址:https://v. youku. com/v _ show/id _ XMTQSNzg-zNTg4.html)。

(2)氢核磁谱显示(CDCl$_3$)(见图2-8):δ(ppm)=4.87(四重峰,1H,—SCH—),3.39(三重峰,2H,—CH$_2$S—),1.72(五重峰,2H,CH$_2$CH$_2$S—),1.66(双峰,3H,—SCH—CH$_3$),1.50(六重峰,2H,CH$_3$CH$_2$CH$_2$—),0.98(三重峰,3H,CH$_3$CH$_2$—)。元素分析理论值:$\varphi_C=40.30\%$;$\varphi_H=5.91\%$。

五、思考题

(1)在合成过程中为什么要加入三乙胺?

(2)用5%的盐酸酸化的目的是什么?

(3)查找文献并了解双硫酯合成方法,给出其命名原则。

(4)结合实验,陈述柱分离的操作步骤及其注意事项。

(5)阐述合成三硫酯 BTPA 的反应机理。

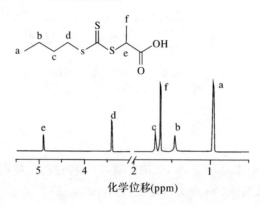

图 2-8　BTPA 链转移试剂氢核磁谱图

实验六　苯乙烯的 RAFT 聚合

一、实验目的

(1)掌握苯乙烯单体 RAFT 本体聚合机理。

(2)学会烯类单体 RAFT 合成技术。

二、实验原理

可逆加成-断裂链转移(RAFT)聚合以其较多的优势而受到十分广泛的关注。它是通过可逆链转移和链平衡来对自由基起交换和缓冲的作用,使增长链的数目保持在一个较低的水平,从而实现活性聚合。利用 RAFT 聚合技术可以在温和条件下合成结构可控的聚合物,如均聚物和嵌段、接枝、星型、树枝状及超支化等结构聚合物。通过改变反应投料比和聚合反应时间,可以获得具有不同相对分子质量,且相对分子质量分布较窄的聚合物。苯乙烯的本体聚合方法是合成聚苯乙烯(PS)的常用方法。加入 RAFT 试剂可以获得相对分子质量分布较窄的 PS(见图 2-9)。

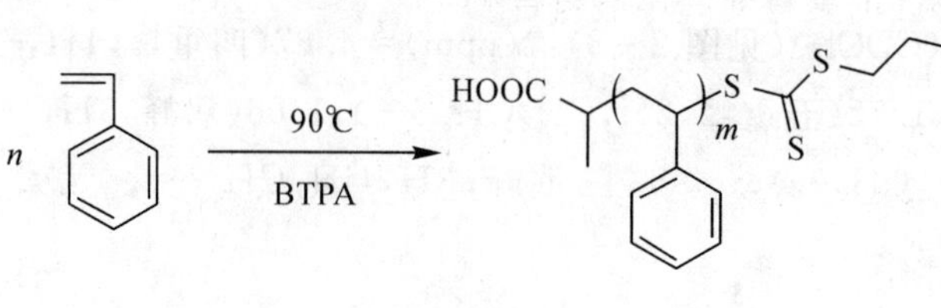

图 2-9　RAFT 合成 PS 示意图

三、试剂及仪器

1. 试剂

本实验所用试剂:S-正丁基-S′-异丙酸基三硫代碳酸酯(BTPA 链转移剂,其分子式如图 2-10 所示),苯乙烯单体(纯化后),THF,无水甲醇,高纯氮气。

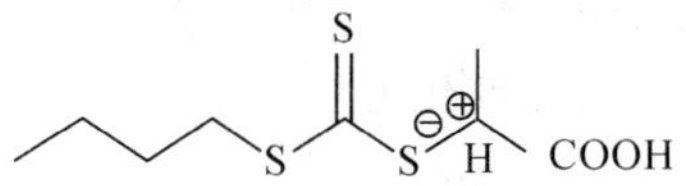

图 2-10　BPTA 链转移剂分子式

2. 仪器

本实验所用仪器:Schlenk 瓶,反口橡胶塞,滴管,分析天平,搅拌子,长针头,短针头,锥形瓶,恒温磁力搅拌器,油浴锅,真空干燥箱,旋转蒸发仪,干燥器,白乳胶管,圆底烧瓶,双排管。

四、实验内容(记录实验现象并分析)

单体、链转移剂和引发剂按照物质的量比 400:1:0.2 投料。在 50 mL Schlenk 瓶中加入 3.8 mL 苯乙烯、20.0 mg BTPA 和 2.76 mg AIBN,溶解后通氮气 30 min 除去溶解氧,关闭 Schlenk 瓶塞,置于 90 ℃ 油浴中聚合 1.5 h。待冰水浴内冷却、反应终止后,打开封口,用少量二氯甲烷将其稀释至合适浓度,在无水甲醇中沉淀除去残余单体;重复沉淀 2 次后于真空干燥箱中 40 ℃ 干燥,得到 PS-CTA,称重,计算转化率,保存于干燥器中。

相关资料:

聚合物后续表征:用凝胶渗透色谱(GPC)测定聚合物的相对分子质量及其分布,用 FT-IR 和 ^{1}H NMR 进行聚合物的结构表征。

理论相对分子质量的计算:

PS-CTA 理论相对分子质量的计算公式为

$$M_n = m/n(CTA) \times \eta + M(CTA)$$

式中,M_n 为 PS-CTA 理论相对分子质量;m 为苯乙烯单体的质量,$n(CTA)$ 为链转移剂 CTA 的物质的量;η 为理论转化率;$M(CTA)$ 为链转移剂的相对分子质量。

五、思考题

(1)为什么要在 RAFT 聚合实验中鼓氮气?

(2)分析该实验中合成的聚苯乙烯呈现黄色的原因。

(3)通过什么技术可对聚苯乙烯产物的相对分子质量和相对分子质量分布进行表征?

(4)如何测定某一聚合反应的单体转化率? 如果本次实验中的单体转化率为 30%,试计算目标产物的数均相对分子质量。

实验七　苯乙烯的 ATRP 聚合

一、实验目的

(1)掌握 ATRP 合成机理及实验操作。

(2)掌握用 ATRP 法合成聚合物的纯化方法。

二 实验原理

原子转移自由基聚合(Atom Transfer Radical Polymerization，ATRP)是一种"活性"/可控自由基聚合方法，最早是由美国卡耐基梅隆大学的 Krzysztof Matyjaszewski 教授和日本京都大学的 Mitsuo Sawamoto 教授于 1995 年报道的。他们发现过渡金属催化的 ATRP 中，活性自由基与休眠种间存在可逆平衡反应，且活性自由基的失活反应速率远远大于休眠种的活性反应速率，因此体系中的自由基浓度很低，这使自由基之间的双基终止反应得到了有效的抑制，可成功地实现活性聚合。ATRP 体系是以有机卤代烷 R－X(例如 α-溴代异丁酸乙酯)为引发剂，卤化亚铜/含氮配体(例如溴化亚铜/2,2′-联吡啶)为催化剂，引发不饱和烯类单体进行自由基聚合的过程，单体聚合几乎同时引发、同时增长且同时终止(见图 2-11)。ATRP 体系可以有效控制聚合物的相对分子质量和相对分子质量分布、末端官能团和大分子的拓扑结构。

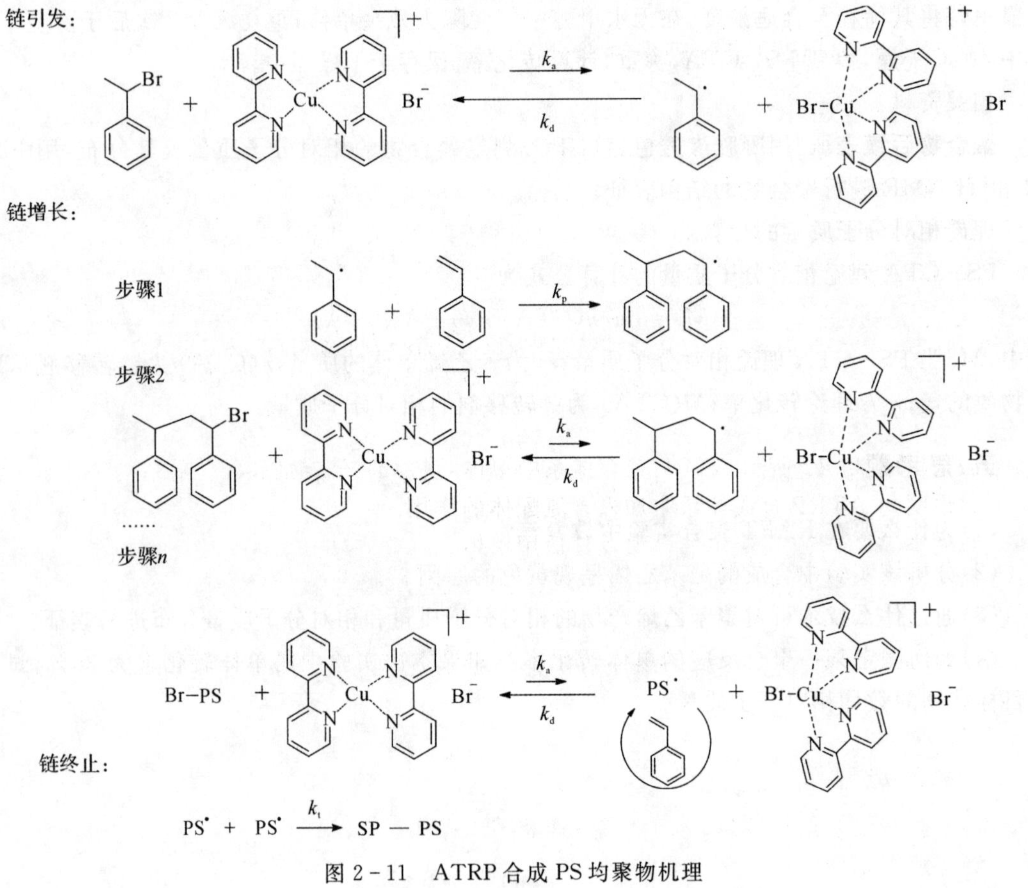

链引发：

链增长：

步骤1

步骤2

……

步骤n

链终止：

$$PS^{\cdot} + PS^{\cdot} \xrightarrow{k_t} SP-PS$$

图 2-11　ATRP 合成 PS 均聚物机理

本实验以合成聚苯乙烯(PS)为例,其合成路线如图 2 - 12 所示。

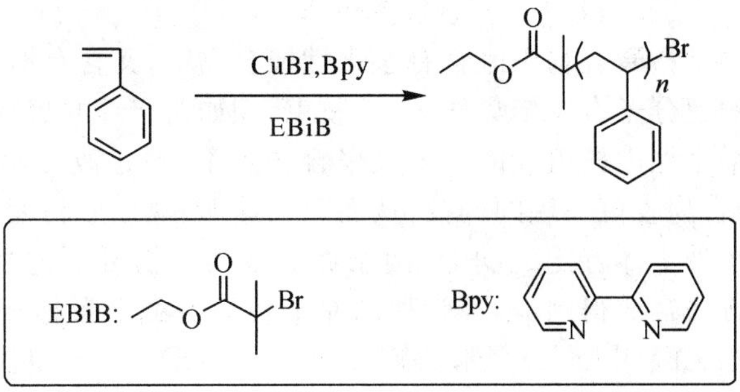

图 2 - 12　ATRP 合成 PS 均聚物路线图

三、试剂与仪器

1. 试剂

本实验所用试剂:苯乙烯(St),溴化亚铜(CuBr),2,2′-联吡啶(Bpy),α-溴代异丁酸乙酯(EBiB),中性 Al_2O_3,无水甲醇,四氢呋喃。

2. 仪器

本实验所用仪器:除氧系统,Schlenk 瓶(25 mL),针头(长、短各一支),圆底烧瓶(100 mL,200 mL),烧杯(250 mL),油浴,旋转蒸发仪,分离柱,布氏漏斗,抽滤瓶。

四、实验内容(记录实验现象并分析)

单体、引发剂、催化剂和配体按照物质的量比 300∶1∶1∶2 投料。依次加入单体 St 2.2 mL,引发剂 EBiB 12.5 mg,配体 Bpy 20.0 mg 于 Schlenk 聚合瓶中,冷冻-抽真空-溶解三次后,在冷冻状态和氮气保护下加入 CuBr 9.2 mg。抽换气多次后,再冷冻-抽真空-溶解一次,向聚合瓶内充入氮气后密封,将聚合瓶置于 90 ℃的油浴中反应 1.5 h。取出聚合瓶,放入冰水浴中冷却,停止聚合。打开瓶塞,用二氯甲烷稀释聚合物溶液,将聚合物溶液通过一装有中性 Al_2O_3 的分离柱,除去反应体系中的铜络合物;将滤液旋转蒸发至适宜浓度,用大量的无水乙醇沉淀聚合物,抽滤,真空干燥,称重。表征得到其相对分子质量和相对分子质量分布。

五、思考题

(1)指出图 2 - 12 所示 ATRP 聚合体系中单体、引发剂、催化剂和配体的结构。

(2)说明向 ATRP 合成体系中加入含氮配体的作用。

(3)列举 ATRP 常用配体的种类及其适用单体。

(4)能否以丙烯酸为单体,利用传统的 ATRP 方法合成聚丙烯酸? 为什么?

实验八　PEG-b-PS 两亲性嵌段共聚物的 ATRP 合成

一、实验目的

(1)掌握嵌段共聚物的 ATRP 合成原理及实验操作。

(2)了解两亲性嵌段共聚物的应用。

二、实验原理

两亲性嵌段共聚物是指聚合物中既含有亲水性聚合物链,又含有憎水性聚合物链,其在溶液中可自组装成特定的超分子有序聚集体——胶束,例如两亲性共聚物在水中溶解后可自发形成由亲水性外壳和憎水性内核组成的纳米级聚合物胶束。通过改变嵌段共聚物聚合物链的体积分数,可以实现聚合物胶束形貌的调控,从而获得球形、蠕虫形胶束和囊泡等丰富的形貌;通过设计嵌段组成赋予聚集体特定的功能。两亲性嵌段共聚物可通过"活性"/可控自由基聚合和活性离子聚合等方法合成得到。本实验利用原子转移自由基聚合(ATRP)合成出具有两亲性的嵌段共聚物聚乙二醇-block-聚苯乙烯(PEG-b-PS):以 α-溴代异丁酰溴末端功能化处理的聚乙二醇单甲醚(PEG-Br)为大分子引发剂,以溴化亚铜和 2,2′-联吡啶组成的催化体系作为催化剂,在苯甲醚(Anisole)中引发苯乙烯单体的 ATRP 聚合(见图 2-13),得到相对分子质量可控、相对分子质量分布窄的 PEG-b-PS 嵌段共聚物,并对其组成和相对分子质量分布进行表征。在所制备的嵌段聚合物中,PEG 为亲水嵌段,PS 为疏水嵌段。通过控制其嵌段比例,可以实现胶束、囊泡等组装体的构筑。

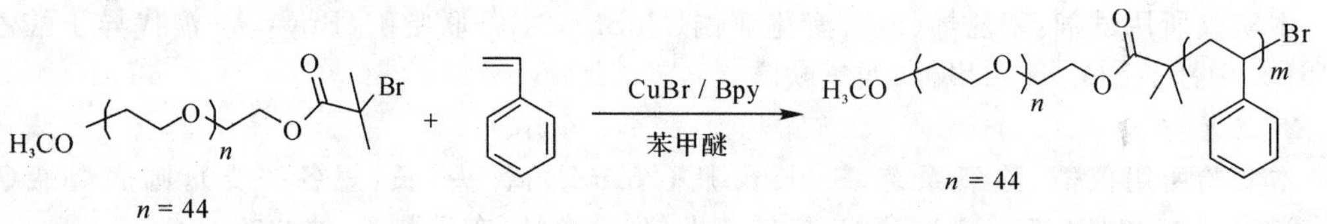

图 2-13 PEG-b-PS 嵌段共聚物的合成路线

三、试剂与仪器

1. 试剂
本实验所用试剂:末端溴化聚乙二醇单甲醚(PEG-Br),溴化亚铜(CuBr),2,2′-联吡啶(Bpy),三乙胺,二氯甲烷,苯乙烯,苯甲醚,中性 Al_2O_3,石油醚,冰块。

2. 仪器
本实验所用仪器:除氧系统,Schlenk 瓶(25 mL),针头(长、短各一支),圆底烧瓶(100 mL),烧杯(250 mL),油浴,旋转蒸发仪,分离柱,双连球,布氏漏斗,抽滤瓶。

四、实验内容(记录实验现象并分析)

1. PEG-b-PS 嵌段共聚物的合成
将 PEG-Br(0.30 g)、St(4.33 g)、CuBr(19.9 mg)和 Bpy(43.3 mg)按物质的量比例 1∶300∶1∶2 加入 50 mL Schlenk 瓶中,除氧后密封,将 Schlenk 瓶置于 90 ℃ 油浴中,反应 1.5 h 后,取出 Schlenk 瓶,放入冰水浴中冷却,停止聚合。

2. PEG-b-PS 嵌段共聚物的纯化
打开瓶塞,用二氯甲烷稀释聚合物溶液,将聚合物溶液通过一装有中性 Al_2O_3 的分离柱,除去反应体系中的铜络合物,然后用大量的石油醚沉淀聚合物,抽滤,真空干燥,称重。表征其平均相对分子质量和相对分子质量分布。

五、思考题

(1)阐述 ATRP 合成聚合物的机理和优缺点。

(2)在 ATRP 聚合反应前为什么要除去氧气？

(3)举例说明两亲性嵌段共聚物的应用(至少 2 例)。

实验九　聚丙烯酸水凝胶的制备及基本性能测试

一、实验目的

(1)掌握水凝胶合成方法。

(2)通过测试了解水凝胶的基本性能。

二、实验原理

水凝胶具有三维网络结构,有着良好的吸水性、生物相容性、结构稳定性以及易操作易保存等优点,性质柔软,能保持一定的形状,能吸收大量的水。凡是水溶性或亲水性的高分子,通过一定的化学交联或物理交联,都可以形成水凝胶。这些高分子按其来源可分为天然和合成两大类。天然的亲水性高分子包括多糖类(淀粉、纤维素、海藻酸、透明质酸,壳聚糖等)和多肽类(胶原、聚 L-赖氨酸、聚 L-谷氨酸等)。合成的亲水高分子包括聚乙烯醇、丙烯酸及其衍生物类(聚丙烯酸,聚甲基丙烯酸,聚丙烯酰胺,聚 N,N'-二甲基丙烯酰胺等)。单体浓度需高于 40%,否则无法完成交联;但过高会引起散热问题,引起暴聚。

聚丙烯酸系高分子(包含其碱金属盐)由于其骨架上含有大量活性羟基,因而具有亲水性。其中线型或支链型产物是一种水溶性高分子,而具有不同交联度的交联型聚丙烯酸系,吸水后不会溶解,而是溶胀成水凝胶。

聚丙烯酸(PAA)水凝胶的制备以水溶性引发剂引发的自由基溶液聚合为基本原理。同时,在聚合体系中,加入官能度为 4 的 N,N'-亚甲基双丙烯酰胺为交联剂,促使在聚合过程中形成网状、交联的大分子,即聚丙烯酸水凝胶(见图 2-14)。

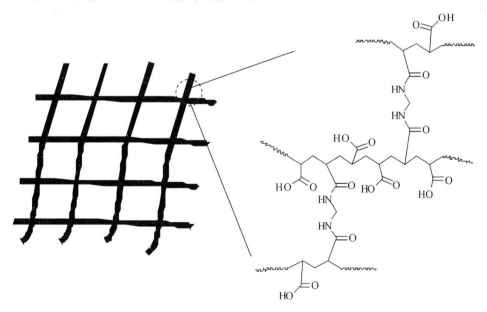

图 2-14　PAA 水凝胶内部结构示意图

三、试剂与仪器

1.试剂

本实验所用试剂:丙烯酸,N,N'-亚甲基双丙烯酰胺(BA),N,N,N',N'-四甲基乙二胺(TMEDA),过硫酸铵,无水乙醇,蒸馏水。

2.仪器

本实验所用仪器:烧杯(100 mL),分析天平,量筒,胶头滴管,恒温磁力搅拌器,水浴锅,滤纸,pH 值试纸。

四、实验内容(记录实验现象并分析)

聚丙烯酸水凝胶的制备:向反应器中依次加入 10 mL 蒸馏水、4 mL 无水乙醇、6 mL 丙烯酸、0.10 g 交联剂 BA,0.25 g 促进剂 TMEDA,混合均匀。注入 0.5 mL 过硫酸铵水溶液(0.90 g/mL),在 60 ℃水浴中反应,成胶后取出。测试基本性能。

1.测试吸水率和吸水速度

(1)对三张滤纸标号后,测量重量。

(2)称取三份,每份 0.3 g 左右。

(3)分别在纯水中浸泡 2 min,10 min,30 min,直至饱和。用滤纸吸掉多余水分后,称重。记录并绘制吸水量-时间关系曲线。

2.测试力学压缩性能

参照国标 GB/T 18942.2—2003 自行设计实验,测试所制备水凝胶的压缩性能。

五、思考题

(1)分别将 PAA 水凝胶放于足量 pH = 3 和 pH = 12 水中,现象是否相同?

(2)试分析 N,N,N',N'-四甲基乙二胺如何促进聚合反应的进行。

(3)改变交联剂 BA 的加入量会对水凝胶哪些参数和性能产生影响?

(4)通过查阅文献了解聚丙烯酸水凝胶可在哪些方面得到应用。

实验十 聚乙烯醇缩甲醛的制备

一、实验目的

(1)了解聚乙烯醇缩甲醛化学反应的原理。

(2)制备聚乙烯醇缩甲醛,了解聚合物的化学反应特点。

二、实验原理

聚乙烯醇缩甲醛(PolyVinyl Formal,PVF,俗称 107 胶)是一种生活中常见的合成胶水,其分子结构如图 2-15 所示,是无色透明溶液,易溶于水,广泛应用于壁纸、纤维墙布、瓷砖粘贴、内墙涂料及多种腻子胶的黏合剂等中。

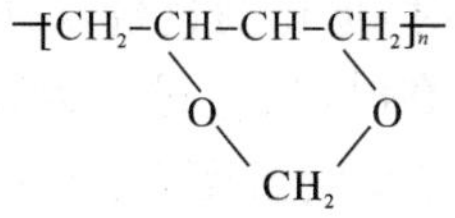

$$\begin{array}{c} +CH_2-CH-CH-CH_2+_n \\ \quad\ \ \ |\qquad\ \ | \\ \quad\ \ \ O\qquad\ \ O \\ \quad\ \ \ \backslash\quad\ /\ \\ \quad\ \ \ CH_2 \end{array}$$

图 2-15　聚乙烯醇缩甲醛分子结构

聚乙烯醇缩甲醛是以聚乙烯醇和甲醛为原料,在盐酸的催化作用下制备得到的,甲醛中的羰基与聚乙烯醇中相邻两个羟基反应生成的具有六元环缩醛结构的缩合产物(其反应原理如图 2-16 所示)。

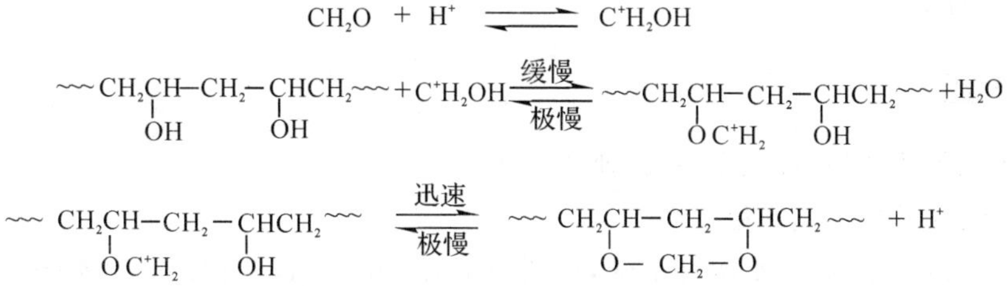

$$CH_2O + H^+ \rightleftharpoons C^+H_2OH$$

$$\sim CH_2CH-CH_2-CHCH_2 \sim +C^+H_2OH \xrightarrow[\text{极慢}]{\text{缓慢}} \sim CH_2CH-CH_2-CHCH_2 \sim +H_2O$$

$$\sim CH_2CH-CH_2-CHCH_2 \xrightarrow[\text{极慢}]{\text{迅速}} \sim CH_2CH-CH_2-CHCH_2 \sim + H^+$$

图 2-16　聚乙烯醇缩甲醛制备原理

聚乙烯醇和甲醛的物质的量配比及反应的 pH 值不同,得到的聚乙烯醇缩甲醛的相对分子质量也不同。缩醛在酸中活泼,在碱中稳定。聚乙烯醇与甲醛发生缩合反应生成缩醛物,必须在酸性介质中进行。酸含量低,缩醛反应缓慢,到达反应终点的时间长;若酸含量过高,则反应太过激烈而形成凝胶。相对分子质量小时,形成的高分子化合物易溶于水;相对分子质量大时,得到的高分子化合物难溶于水。所得化合物溶解性过好,或难于溶解对制备水溶性涂料均不利。因此,生成适中相对分子质量的化合物是成功制备聚乙烯醇缩甲醛胶的关键。

三、试剂与仪器

1.试剂
本实验所用试剂:聚乙烯醇,甲醛(40%),去离子水,10%氢氧化钠,浓盐酸。

2.仪器
本实验所用仪器:三口烧瓶(150 mL),机械搅拌器、球形冷凝管、温度计,恒温水浴,滴管,分析天平,量筒,精密 pH 值试纸。

四、实验内容(记录实验现象并分析)

1.聚乙烯醇的溶解
如图 2-17 所示,在装有搅拌器、球形冷凝管、温度计的三口烧瓶中加入 4.5 g 聚乙烯醇和 50 mL 去离子水;开动搅拌器,逐渐加热升温至 90 ℃,直至聚乙烯醇完全溶解得到无色透明溶液,降温至 35～40 ℃。

2.聚乙烯醇的缩醛化反应
量取 3.0 mL 甲醛加入聚乙烯醇溶液(温度为 35～40 ℃)中,搅拌 15 min 后,在不断搅拌下用滴管滴加浓盐

图 2-17　聚乙烯醇缩甲醛实验装置简图

酸,调节 pH 值为 2～2.5(pH 值过低时,催化剂过量,反应过于猛烈,造成局部缩醛度过高,导致不溶于水的产物产生。当 pH 值过高时,反应过于迟缓,甚至停止,结果往往会使聚乙烯醇缩醛化程度过低,产物黏性过低),保持反应温度为 85～90 ℃,继续搅拌 20 min,反应体系逐渐变稠,当体系中出现气泡或有絮状物产生时(说明分子间已经开始交联),停止加热,迅速滴加 10% 的 NaOH 溶液,调节体系的 pH 值为 8～9。冷却后获得无色透明黏稠液体。

3.基本性能测试

(1)产物的黏度测试:利用旋转式黏度计对产物的黏度进行测试。

(2)产物的黏结性测试:取两张纸片,在中间涂少许产物并将其粘在一起,自然风干后,定性观察其黏结性能。

五、思考题

(1)为什么要把产物最终 pH 值调到 8～9?

(2)分析缩醛对酸和碱的稳定性。

(3)为什么缩醛度增加,水溶性下降,达到一定的缩醛度后,产物将完全不溶于水?

(4)设计实验,测试本实验所合成的 PVF 的黏结强度。

实验十一   双酚 A 环氧树脂的制备

一、实验目的

(1)学习环氧树脂的制备方法,掌握环氧值的测定方法。

(2)了解环氧树脂的性能和使用方法。

二、实验原理

环氧树脂预聚体是主链上含醚键和仲羟基,端基为环氧基的预聚体。其中,醚键和仲羟基为极性基团,可与多种表面形成较强的相互作用,而环氧基则可与介质表面的活性基,特别是无机材料或金属材料表面的活性基起反应形成化学键,产生强力黏结。因此环氧树脂具有独特的黏附力,配制的胶黏剂对多种材料具有良好的黏合力,常被称为"万能胶"。另外,环氧树脂的抗化学腐蚀性、力学性能和电性能都很好。它的种类很多,但是以双酚 A 型环氧树脂产量最大,用途最为广泛。双酚 A 型环氧树脂是由环氧氯丙烷与双酚 A(2,2'-二酚基丙烷)在氢氧化钠作用下聚合制得的(见图 2-18)。

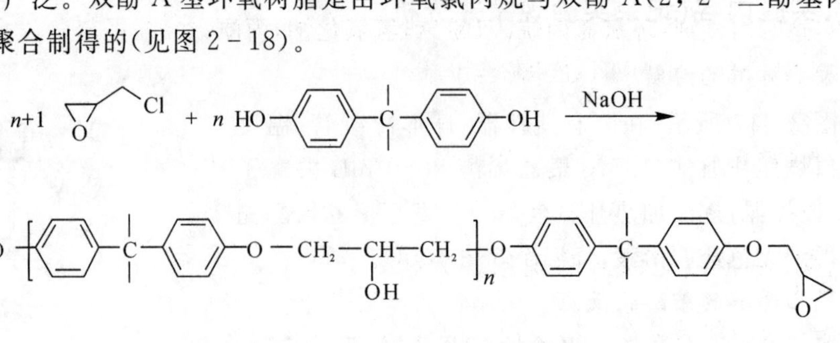

图 2-18 双酚 A 型环氧树脂制备路线

原料配比不同、反应条件不同(如反应介质、加料顺序和温度),可制得不同软化点、不同相对分子质量的环氧树脂。工业上将软化点低于 50 ℃(平均聚合度小于 2)的称为低相对分子质量树脂或软树脂,将软化点在 50~95 ℃之间(平均聚合度在 2~5 之间)的称为中等相对分子质量树脂,将软化点高于 100 ℃(平均聚合度大于 5)的称为高相对分子质量树脂。

环氧树脂在没有固化前为热塑性的线型结构,强度低,使用时必须加入固化剂。固化剂与环氧基团反应,从而形成交联的网状结构,成为不溶不熔的热固性制品,具有良好的机械性能和尺寸稳定性。环氧树脂的固化剂种类很多,胺类和酸酐是使其交联的常用固化剂,例如乙二胺(官能度 $f = 4$),二亚乙基三胺($f = 5$),三亚乙基四胺($f = 6$),4,4′-二氨基二苯基氰基胍,二异氰酸酯和邻苯二甲酸酐等。三级胺常用作固化反应的促进剂,以提高固化速率。固化剂不同,其相应的交联反应也不同。

以室温固化剂乙二胺为例,其固化机理如图 2-19 所示。

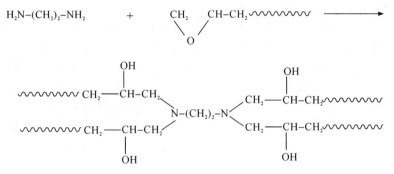

图 2-19 环氧树脂乙二胺固化机理示意图

乙二胺的理论用量计算式为

$$m = (E/n) \times M = (E/4) \times 60 = 15E$$

式中,m 为每 100 g 环氧树脂所需的乙二胺的质量(g);M 为乙二胺的摩尔质量(60.0 g/mol);n 为乙二胺的活泼氢的数目(每 1 个乙二胺分子含有 4 个活泼氢);E 为环氧树脂的环氧值。

本实验以环氧氯丙烷与双酚 A 作为原料制备环氧树脂,以乙二胺为固化剂对环氧树脂进行固化处理,并定性地测试其黏结性能。

三、试剂与仪器

1. 试剂

本实验所用试剂:环氧氯丙烷,双酚 A,氢氧化钠,丙酮,盐酸,甲苯,0.2 mol/L 盐酸/异丙醇溶液,0.2 mol/L NaOH 标准溶液,甲基红。

2. 仪器

本实验所用仪器:三口烧瓶,冷凝管,搅拌器,减压蒸馏装置,滴定管,一次性口杯,塑料滴管。

四、实验内容(记录实验现象并分析)

1. 环氧树脂的制备

向装有搅拌器、回流冷凝管和温度计的三口烧瓶中加入 27.8 g 环氧氯丙烷(0.1 mol)和

22.8 g 双酚 A(0.1 mol)。水浴,加热到 75 ℃,开动搅拌,使双酚 A 全部溶解。取 8 g 氢氧化钠溶于 20 mL 蒸馏水中,将此溶液加入滴液漏斗中,自滴液漏斗缓慢向三口烧瓶中加入氢氧化钠溶液(滴液漏斗在 75~80 ℃继续反应 1.5~2 h,与回流冷凝管相接),保持温度为 70 ℃左右,约 0.5 h 滴加完毕。此时液体呈乳黄色。停止反应,冷却至室温,向反应瓶中加入蒸馏水 30 mL 和甲苯 60 mL,充分搅拌后,用分液漏斗静置并分离出水分,再用蒸馏水洗涤数次,直至水相为中性且无氯离子。分出有机层,减压蒸馏除去溶剂、水和未反应的环氧氯丙烷,得到淡黄色黏稠的环氧树脂。

2.环氧树脂固化黏结实验

在 50 mL 烧杯中,称取 4 g 环氧树脂,加入 0.3 g 乙二胺,用玻璃棒搅拌均匀。取两块洁净的玻璃片,将少量环氧树脂薄而均匀地涂覆于表面,对接合拢,并用夹具固定。室温放置待其固化,观察其黏结效果。

3.环氧值的测定

环氧树脂中的环氧基团含量用环氧值来表示,即每 100 g 环氧树脂中含环氧基团的物质的量。其环氧值可由盐酸-异丙醇法测定。环氧基团在盐酸-异丙醇溶液中被盐酸开环,消耗等物质的量的盐酸,测定消耗的盐酸的量,可以得到环氧值。具体方法如下:称取 3 g 的环氧化合物样品于 250 mL 三角烧瓶中,加入盐酸-异丙醇溶液 20 mL 溶解,放置反应 10 min 后加入 3 滴甲基红指示剂,在磁力搅拌下用 0.1 mol/L 氢氧化钠标准滴定液滴定到黄色终点,用同样的方法测定空白样。(0.1‰甲基红指示剂:100 mL 异丙醇中溶解 0.1 g 甲基红;盐酸-异丙醇溶液(体积比为 1/40);0.1 mol/L 氢氧化钠标准滴定液)。环氧值按下式计算:

$$环氧值 = \frac{(V_0 - V)c}{10m}$$

式中,m 为样品的质量(g);V 和 V_0 分别为测定样品与空白样耗用氢氧化钠滴定液体积(mL);c 为氢氧化钠标准滴定液的物质的量浓度(mol/L)。

五、思考题

(1)环氧树脂的用途有哪些?

(2)在环氧树脂制备过程中,NaOH 起什么作用? 如果 NaOH 量不够会出现什么问题?

(3)以环氧树脂 E51 为例,以乙二胺为固化剂,计算固化 20 g E51 需要的乙二胺用量。

(4)简述软化点的测量方法与测量原理。

(5)简述叔胺作为促进剂的机理。

实验十二　聚苯胺的合成

一、实验目的

(1)通过聚苯胺的合成及掺杂,了解导电聚合物的合成方法及应用。

(2)掌握低温反应的实施方法。

二、实验原理

导电聚合物是指电导率在半导体和导体范围内的聚合物。这类聚合物主链上含有交替的单双键,从而形成大的共轭 π 体系,π 电子的流动产生了导电的可能性。各种共轭聚合物经掺杂后都会变为具有不同导电性能的导电聚合物,具有代表性的共轭聚合物有聚苯胺、聚吡咯、聚噻吩和聚乙炔等。导电聚合物的突出优点是既具有金属和无机半导体的电学和光学特性,又具有有机聚合物良好的机械性能良好和可加工性,还具有电化学的氧化还原活性。这些特点决定了导电聚合物材料将在有机光电子和电化学器件的开发和发展中发挥重要的作用。相对于其他共轭高分子而言,聚苯胺原料易得,合成简单,具有较高的导电性和潜在的溶液、熔融加工可能性,同时还有良好的环境稳定性,在金属防腐涂料、可充电电池、导电涂料、电磁屏蔽等方面有着广泛的应用。本实验以聚苯胺(polyaniline)的合成为例。

聚苯胺分子结构如图 2-20 所示,其中 y 的值在 $0 \sim 1$ 之间,表示聚苯胺的氧化还原程度。当 $y=0$ 时,聚苯胺被完全氧化成醌式结构,称为全氧化态聚苯胺(PB);当 $y=0.5$ 时,聚苯胺一半为氧化态,一半为还原态,称为半氧化还原态聚苯胺(EB);当 $y=1$ 时,聚苯胺被全部还原成苯式结构,称为全还原态聚苯胺(LEB)。

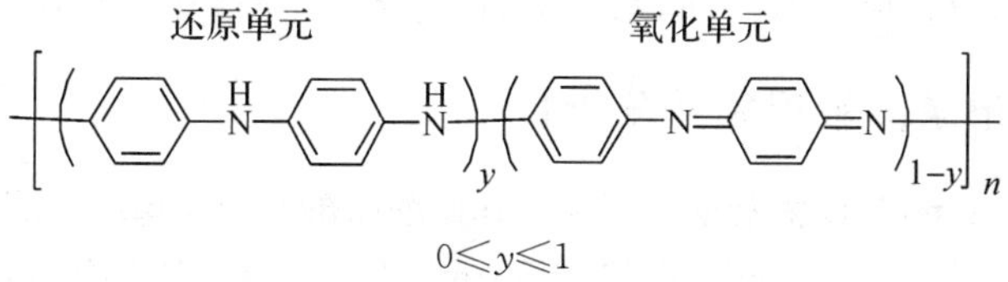

$$0 \leqslant y \leqslant 1$$

图 2-20　聚苯胺分子结构(本征态)

聚苯胺的合成方法有化学氧化聚合和电化学聚合两种,具体如下:

(1)化学氧化聚合是指苯胺在酸性介质中以过硫酸铵、重铬酸钾、过氧化氢和三氯化铁等水溶性引发剂引发单体发生氧化偶联聚合,其中 $(NH_4)_2S_2O_8$ 由于不含金属离子、氧化能力强、后处理方便而被普遍应用。聚合时所用的酸通常为挥发性质子酸,浓度一般控制在 $0.5 \sim 4.0$ mol/L 之间。介质酸提供反应所需的质子,同时以掺杂剂的形式进入聚苯胺主链,使聚合物具有导电性。反应介质可以是水、甲基吡咯烷酮等极性溶剂,可采用乳液聚合和溶液聚合方式进行。

(2)电化学聚合是指苯胺在电流的作用下于电极上发生聚合反应,它可以获得聚合物薄膜。在酸性电解质溶液中得到的蓝色产物,具有很高的导电性、电化学特性和电致变色性质;在碱性电解质溶液中,则得到深黄色产物。

本实验采用化学氧化聚合法合成聚苯胺,经盐酸掺杂后得到导电材料,其化学结构如图 2-21 所示。

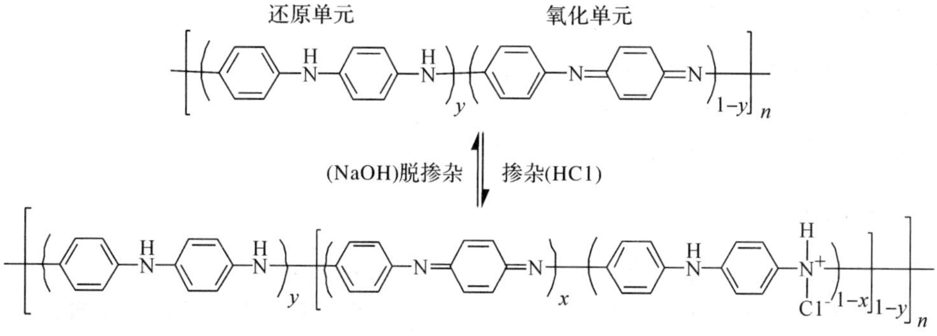

图 2-21　盐酸掺杂聚苯胺的化学结构

现介绍化学氧化聚合机理。化学氧化聚合法合成聚苯胺的反应分为 3 个阶段,即链诱导和引发期、链增长期和链终止期。在苯胺的酸性溶液中加入氧化剂,苯胺将被氧化为聚苯胺。在链诱导和引发期生成二聚物,然后聚合进入第二阶段,反应开始自加速,沉淀迅速出现,体系大量放热,进一步加速反应直至终止。聚苯胺的低聚物是可以溶于水的,因此初始时刻反应在水溶液中进行。苯胺的高聚物不溶于水,因此高聚物大分子链的继续增长是界面反应,反应在聚苯胺沉淀物与水溶液的两相界面上进行。

三、试剂与仪器

1. 试剂

本实验所用试剂:苯胺,过硫酸铵,浓盐酸,去离子水,冰块。

2. 仪器

本实验所用仪器:本实验所用仪器:磁力搅拌器,三口烧瓶(250 mL),烧杯(200 mL),量筒(100 mL),滴液漏斗,数显恒温水浴锅,水浴锅,抽滤装置,玻璃棒,定性滤纸,真空干燥箱。

四、实验内容(记录实验现象并分析)

(1)配制 120 mL 2 mol/L 稀盐酸溶液:20 mL 浓盐酸+100 mL 蒸馏水;

(2)向三口烧瓶中加入 4.7 mL 苯胺和 50 mL 2 mol/L HCl 溶液,并在 5 ℃冰水浴下搅拌;

(3)取 11.4 g 过硫酸铵,加入 25 mL 去离子水溶解,逐滴加入三口烧瓶中(约 30 min 滴完),保持体系温度在 5 ℃以下;

(4)继续反应 1 h,抽滤,用水洗涤;

(5)将产品用剩余盐酸掺杂反应 1 h,过滤,干燥,称重,研磨成粉。

五、思考题

(1)论述化学氧化聚合和电化学聚合合成聚苯胺的优缺点。

(2)除了盐酸,聚苯胺的掺杂剂还有哪些?

(3)查阅文献,简述聚苯胺在电磁屏蔽领域的应用进展。

实验十三　界面缩聚法制备尼龙及其力学性能测试

一、实验目的

(1)加深了解逐步聚合反应理论和实验操作。

(2)学会用界面缩聚法制备尼龙。

(3)巩固高分子材料力学性能测试的操作与方法。

二、实验原理

逐步聚合即逐步聚合反应,它无活性中心,单体官能团之间相互反应而逐步增长,是高分子材料合成的重要方法之一。人们熟知的涤纶、尼龙、酚醛树脂等都是通过逐步聚合反应制备的。绝大多数缩聚反应都属于逐步聚合反应。

实施逐步聚合的方式有熔融聚合、溶液聚合、界面聚合和固相聚合四种。其中界面聚合是缩聚反应特有的实施方式,它是指先将两种单体分别溶于互不相溶的两种溶剂中,然后将两种溶液混合,缩聚反应就发生在了两相的界面上。界面聚合要求单体的反应活性足够高,比如用己二胺和己二酰氯制备尼龙-66。

脂肪族聚酰胺(俗名尼龙)是美国杜邦公司的 Carothers 最先开发出来的,并于1939年实现了工业化。尼龙的品种繁多,有尼龙-6、尼龙-11、尼龙-66、尼龙-610、尼龙-1010等。尼龙作为工程塑料,有着良好的力学性能、耐热性和耐摩擦性,在汽车、电气设备、机械元件和交通器材等方面有着广泛应用。

本实验通过己二胺和对苯二甲酰氯的界面聚合制备尼龙,其反应过程如图2-22所示。

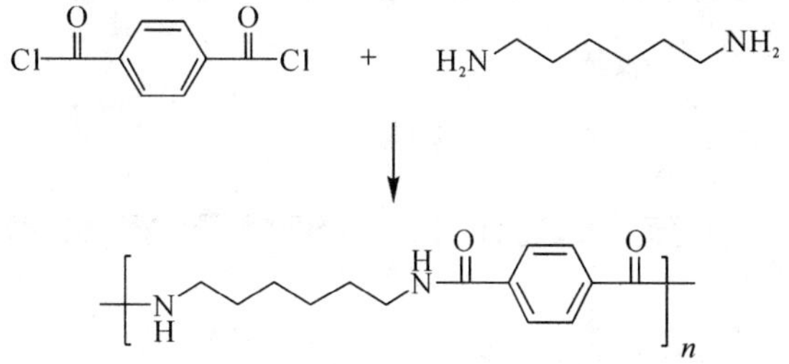

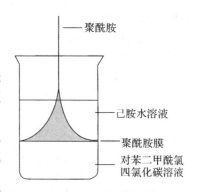

图2-22　己二胺和对苯二甲酰氯制备尼龙的反应过程

界面聚合是一种不平衡缩聚反应,小分子副产物可被溶剂中的某一物质所消耗,其聚合反应速率受单体扩散速率控制。界面聚合的单体反应活性很高,聚合产物在界面迅速生成,其相对分子质量与总的反应程度无关,对单体纯度和官能团等的物质的量比要求不高。界面聚合反应设备简单,反应过程不需要加热,操作容易。目前有多种高分子材料是通过界面聚合得到的,比如聚酰胺、聚碳酸酯和聚氨基甲酸酯等。然而,界面聚合也有其固有的缺点,比如二元酰氯单体成本高,需要消耗大量溶剂等。

三、试剂与仪器

1. 试剂

本实验所用试剂:己二胺,对苯二甲酰氯,二次水,四氯化碳,氢氧化钠,盐酸。

2. 仪器

本实验所用仪器:烧杯,玻璃棒。

四、实验内容(记录实验现象并分析)

(1)按如图2-23所示,安装实验装置。

(2)将0.2 g己二胺及1.4 g氢氧化钠放于250 mL烧杯中,加入50 mL二次水溶解。将其标记为A瓶。如果夏季气温较高,需要加冰冷却,使水温保持在10~20 ℃。

(3)将0.2 g己二酰氯放入干燥的250 mL烧杯中,加入50 mL精制过的CCl₄溶解。将其标记为B瓶。如果夏季气温较高,需要加冰冷却,使水温保持在10~20 ℃。

(4)将A烧杯中的溶液沿着玻璃棒缓慢加入到B烧杯中,会立即在界面形成半透明的薄膜,即为尼龙。

图2-23　己二胺和对苯二甲酰氯界面缩聚反应装置图

(5)用玻璃棒将界面形成的尼龙拉出,并将其逐渐缠绕在玻璃棒上,直至己二酰氯反应完毕。

(6)生成的尼龙丝用3‰的盐酸溶液洗涤,再用去离子水洗至中性,然后真空干燥。

(7)取一定长度的尼龙丝,悬挂不同重量的砝码,用垂直悬挂法测量其延伸率。

五、思考题

(1)如果改变本实验的加料顺序,会发生什么情况?

(2)试分析加入氢氧化钠的量对聚合反应的影响。

(3)二酰氯可以与二酚类单体发生界面聚合合成聚酯,但不能与二醇类单体发生界面聚合,为什么?

实验十四 加聚反应制备热塑性聚氨酯弹性体材料

一、实验目的

(1)了解逐步加成聚合反应理论和实验操作方法。

(2)学会聚氨酯制备工艺并了解热塑性弹性体材料的性质。

(3)进一步巩固无水操作流程。

二、实验原理

如前所述,逐步聚合即逐步聚合反应,它无活性中心,单体官能团之间相互反应而逐步增长,是高分子材料合成的重要方法之一。除缩聚反应外,加聚反应是另一种类型的逐步聚合。

聚氨酯(PU)是由多异氰酸酯和多元醇在多元胺或水等扩链剂或交联剂存在条件下形成的高分子材料,其主链重复单元为氨基甲酸酯键(—NHCOO—)。通过改变原料多元醇和多元异氰酸酯的结构,可以调控 PU 的结构、制品形态和性能。聚氨酯制品有软质、半硬质、硬质泡沫塑料,热塑性弹性体,涂料,纤维等,广泛用于包装材料、家电隔热层、墙面保温防水层、汽车仪表板等领域。其中热塑性聚氨酯弹性体的弹性和强度较高,具有优异的耐磨、耐油、防震性能,被称为"耐磨橡胶"。一般来讲,线性聚氨酯可以通过如图 2-24 所示的二异氰酸酯和二元醇之间的加聚反应制得。

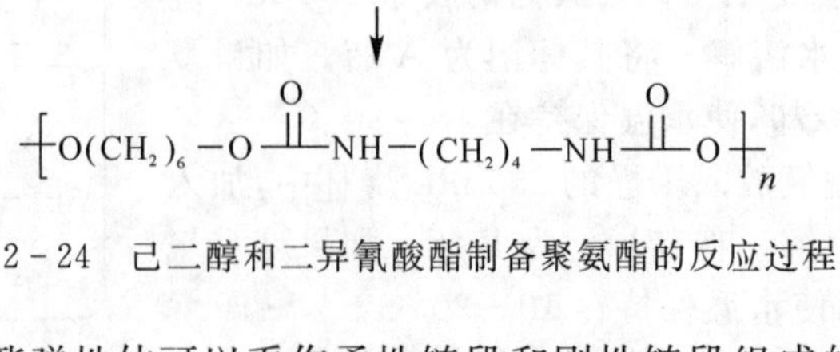

$$HO{+}CH_2CH_2{\xrightarrow{}_3}OH \ + \ OCN{+}CH_2CH_2{\xrightarrow{}_2}NCO$$

$$\downarrow$$

$${+}O(CH_2)_6{-}O{\overset{O}{\underset{\|}{C}}}NH{-}(CH_2)_4{-}NH{\overset{O}{\underset{\|}{C}}}O{\xrightarrow{}_n}$$

图 2-24 己二醇和二异氰酸酯制备聚氨酯的反应过程

从分子结构看,聚氨酯弹性体可以看作柔性链段和刚性链段组成的多嵌段聚合物。其柔性链段多为聚酯或聚醚,刚性链段则由异氰酸酯和扩链剂组成。柔性链段使聚合物的软化点和二级转变点下降、硬度和机械强度降低;刚性链段则会束缚大分子链的运动,使得软化点和二级转变点升高,硬度和机械强度提高。因此,可以通过调节"硬"和"软"两段的比例来制备不同性能的弹性体。

热塑性聚氨酯弹性体可通过一步法和预聚体法制备。在一步法中,先将双羟基封端的大分子聚酯或聚醚与扩链剂混合,然后在一定条件下加入化学计量比的二异氰酸酯,混合均匀即可。在预聚体法中,先将二元醇聚酯或聚醚与二异氰酸酯反应制备异氰酸酯封端的预聚体,然后再加入化学计量比的扩链剂进行扩链。

由于二异氰酸酯反应活性高,很容易与痕迹量的水发生反应,因此,聚氨酯合成过程一定要干燥,并要做好溶剂、反应器皿的无水处理。

三、试剂与仪器

1.试剂

本实验所用试剂:1,4-丁二醇,聚乙二醇($M_n = 2\,000$),甲苯-2,4-二异氰酸酯(TDI),二甲基亚砜,甲基异丁基酮,二丁基月桂酸锡,抗氧剂1010。

2.仪器

本实验所用仪器:水浴锅,三口烧瓶,温度计,滴液漏斗。

四、实验内容(记录实验现象并分析)

1.预聚体的制备

将三口烧瓶、冷凝管、磁子、水浴锅安装好。称取 7.0 g TDI 至三口烧瓶中,加入 15 mL 二甲基亚砜和甲基异丁基酮的混合溶剂(体积比为 1:1)。开启搅拌器,通入氮气,升温至 60 ℃,使 TDI 完全溶解。称取 20 g 聚乙二醇,将其溶于 15 mL 混合溶剂中,待其溶解后,通过滴液漏斗缓慢将其滴加至三口烧瓶中。滴加完毕后,在 60 ℃下继续反应 2 h,得到无色透明预聚体溶液。

2.扩链反应

将 1.8 g 1,4-丁二醇溶于 5 mL 混合溶剂中,通过滴液漏斗将其加入到上述预聚体溶液中。当体系黏度增大时,加大搅拌速度,滴加完毕后,在 60 ℃下继续反应 1.5 h。如果体系黏度过大,可适当补加混合溶剂。

3.后处理

反应结束后,将反应液倒入蒸馏水中,产物以白色固体析出。将产物在水中浸泡过夜,水洗 3 次,再用乙醇浸泡 1 h 后水洗。在 50 ℃下继续反应 2 h,在烘箱中充分干燥,即得到目标高分子材料。

五、思考题

(1)热塑性弹性体应该具有什么样的分子结构?举例说明热塑性弹性体的其他合成方法。

(2)本实验如果不除水或者除水不彻底,会对产物有何影响?

(3)结合工程实际需求,举例说明聚氨酯结构设计、制备工艺。

实验十五　酚醛树脂的制备

一、实验目的

(1)了解酚醛树脂的合成机理和制备工艺。

(2)进一步掌握不同预聚体的交联方法。

二、实验原理

酚醛树脂(见图2-25),俗称电木,是第一个商品化的人工合成聚合物。固体酚醛树脂为黄色、透明、无定型块状物质,因含有游离酚而呈微红色,实体的平均相对密度为1.7左右,易溶于醇,不溶于水,对水、弱酸、弱碱溶液稳定。它是由苯酚和甲醛在催化剂条件下缩聚,经中和、水洗而制成的树脂。根据选用催化剂的不同,可分为热固性和热塑性两类。酚醛树脂具有良好的耐酸性能、力学性能、耐热性能,广泛应用于防腐蚀工程、胶黏剂、阻燃材料、砂轮片制造等行业。液体酚醛树脂为黄色、深棕色液体,如碱性酚醛树脂主要用作铸造黏结剂。

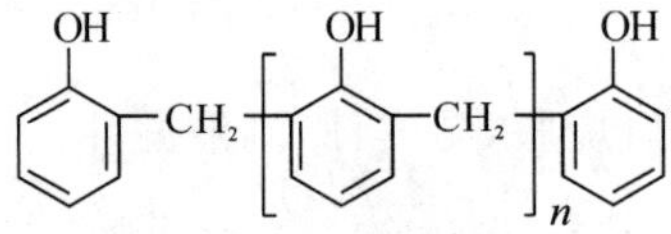

图2-25　线性酚醛树脂结构图

酚醛树脂的生产可以追溯至20世纪初。1905—1909年,贝克兰对酚醛树脂及其成型工艺进行了系统的研究,并于1910年在柏林吕格斯工厂建立通用酚醛树脂公司,实现了工业生产。1911年艾尔斯沃思提出用六亚甲基四胺固化热塑性酚醛树脂,并制得了性能良好的塑料制品,获得了广泛的应用。1969年,美国金刚砂公司开发了以苯酚-甲醛树脂为原料制得的纤维,随后由日本基诺尔公司投入生产。中国自20世纪40年代开始生产酚醛树脂,2017年产量为100万吨。

酚醛树脂的合成分为强碱催化和酸催化两种。

强碱催化的产物为甲阶酚醛树脂,甲醛与苯酚的物质的量比为(1.2～3.0)∶1。甲醛用36%～40%的水溶液,催化剂为1%～5%的NaOH或Ca(OH)$_2$,在80℃左右反应3h即得到预聚体。为防止过度反应和凝胶化,需要真空脱水处理。预聚体为固体或者液体,相对分子质量一般为500～5 000,呈微酸性。交联反应常在180℃下进行,并且交联过程和预聚体合成的反应是一样的。

酸催化的产物为线性酚醛树脂,甲醛与苯酚的物质的量比为(0.75～0.85)∶1。以草酸或者硫酸为催化剂,加热回流3h左右即可。由于甲醛的投料量较小,只能生成相对分子质量较小的线性聚合物。将混合物在高温下脱水,冷却后粉碎,加入5%～15%的六亚甲基四胺,加热时六亚甲基四胺分解,生成甲醛和氨气,为交联反应提供碱性环境和额外的甲醛,使线性高分子交联成体型聚合物。

三、试剂与仪器

1. 试剂

本实验所用试剂：苯酚，甲醛水溶液（37％），草酸，六亚甲基四胺。

2. 仪器

本实验所用仪器：水浴锅，机械搅拌器，激光数字转速表，三口烧瓶，冷凝管，蒸馏装置，水泵。

四、实验内容（记录实验现象并分析）

1. 线性酚醛树脂的制备

向装有机械搅拌器、冷凝管和温度计的三口烧瓶中加入 7.8 g 苯酚、5.52 g 37％（质量分数）甲醛水溶液、1 mL 二次水和 0.12 g 二水合草酸。开启机械搅拌器，加热回流反应 1.5 h。加入 18 mL 二次水后，搅拌均匀，冷却至室温，分离出澄清水层。

2. 减压蒸馏

将反应装置改为减压蒸馏装置，在减压条件下，逐步升温至 150 ℃，真空度保持在 66.7～133.3 kPa，保持大约 1 h，蒸出残余的水，得到澄清熔融液体。趁产物为高温流动状态，将其从三口瓶中倒出，冷却后得到无色脆性固体。

3. 线性酚醛树脂的固化

取 2 g 制得的酚醛树脂，加入 0.1 g 六亚甲基四胺，在研钵中研磨均匀。将粉末放在表面皿上，在加热台上小心加热使其熔融，观察混合物的流动特性变化。

五、思考题

(1)线性酚醛树脂和甲阶酚醛树脂在结构上有什么差异？从反应机理和产物结构分析二者合成条件的不同。

(2)为什么实际生产出来的酚醛树脂会是黄色或粉色等颜色？

(3)举例说明其他类型的酚醛树脂交联过程。

(4)酚醛树脂如何成型？

实验十六　　三聚甲醛的阳离子开环聚合

一、实验目的

(1)了解并掌握阳离子开环聚合及其特点。

(2)学会阳离子开环聚合制备聚甲醛的工艺。

(3)了解聚甲醛端基保护的方法。

二、实验原理

开环聚合是指环状化合物单体经过开环加成转变为线型聚合物的反应。常见的开环聚合单体包括环醚单体、环亚胺、环缩醛等。其聚合产物与单体具有相同的组成，反应一般在温和条件下进行,其副反应比缩聚反应的副反应少,易于得到高相对分子质量聚合物,也不存在等当量配比的问题。目前在工业上占重要地位的开环聚合产物有聚环氧乙烷、聚环氧丙烷、聚四氢呋喃、聚环氧氯丙烷、聚甲醛、聚己内酰胺和聚硅氧烷等。

环氧乙烷作为最经典的环状单体,其开环聚合研究得最早。早在 1863 年 Lourenco 和 Wurtz 等人就通过环氧乙烷和水在封管中开环得到了三聚乙二醇。1929 年施陶丁格对环氧乙烷在各种催化剂存在条件下的聚合进行了系统的研究。1935 年 Carothers 通过双官能化合物的缩合反应合成了各种结构和不同大小的环状化合物,并对其开环聚合的可能性进行了探讨。但是开环聚合作为独立的聚合化学反应类型,则是在 20 世纪 50 年代以后逐步发展形成的。

按单体不同,开环聚合可分为阳离子聚合、阴离子聚合和配位等。绝大多数开环聚合是离子聚合,其中能发生阳离子聚合的要比能发生阴离子聚合的多。比如,环氧乙烷既能进行阳离子开环聚合,也能进行阴离子开环聚合。

三聚甲醛可在质子酸或 Lewis 酸引发下进行阳离子开环聚合。三氟化硼乙醚络合物溶解性好、活性高、易从聚合物中除去,是较为常用的三聚甲醛开环聚合引发剂。其聚合的化学反应过程如图 2-26 所示。

(1)链引发反应:

$$BF_3 - Et_2O + H_2O \rightleftharpoons H^+ [BF_3OH]^- + Et_2O$$

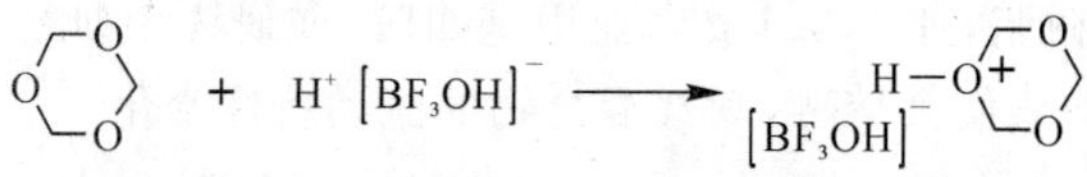

(2)链增长反应:

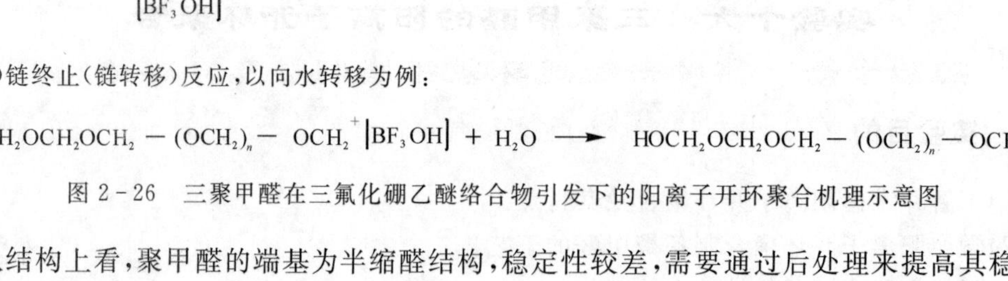

(3)链终止(链转移)反应,以向水转移为例:

$$HOCH_2OCH_2OCH_2 - (OCH_2)_n - OCH_2^+ [BF_3OH]^- + H_2O \longrightarrow HOCH_2OCH_2OCH_2 - (OCH_2)_n - OCH_2OH$$

图 2-26 三聚甲醛在三氟化硼乙醚络合物引发下的阳离子开环聚合机理示意图

从结构上看,聚甲醛的端基为半缩醛结构,稳定性较差,需要通过后处理来提高其稳定性。常见的后处理方法有:①通过乙酸酐将其端羟基进行酯化;②通过共聚引入稳定的链段,经碱处理除去末端缩醛结构。

从上述聚合过程也可以看出,聚甲醛是一种没有侧基、易结晶的线性聚合物。其有着优良的稳定性和光泽度,抗热强度、弯曲强度和耐疲劳性能均好。往往通过注射、挤出、吹塑等方式,在 170～200 ℃温度下对其进行加工成型。

三、试剂与仪器

1. 试剂

本实验所用试剂:乙酸酐,三聚甲醛,二氯乙烷,无水 $CaCl_2$,丙酮,三氟化硼乙醚溶液,正庚烷,吡啶。

2. 仪器

本实验所用仪器:磁力加热搅拌器,搅拌子,Schlenk 瓶,微量注射器,砂芯漏斗,真空烘箱。

四、实验内容(记录实验现象并分析)

1. 单体与试剂处理

三聚甲醛单体需通过二氯乙烷重结晶,并置于干燥器中保存。溶剂二氯乙烷需要通过无水 $CaCl_2$ 干燥,蒸馏备用。

2. 阳离子开环聚合

在氮气气氛下,向干燥的 Schlenk 瓶中加入 1 g 纯化后的三聚甲醛和 5 mL 二氯乙烷,盖上翻口塞,继续通氮气 10 min。用微量注射器将 0.01 mL 三氟化硼乙醚络合物注入反应器中。室温下打开搅拌器。反应 1 h 后,有白色粉末状沉淀出现,过滤,用 10 mL 丙酮洗涤两次,干燥,得到产物。

3. 聚甲醛的端基修饰

取 0.5 g 聚甲醛、10 mL 正庚烷、1 mL 乙酸酐和 0.9 mL 吡啶,加入到有回流冷凝管的三口烧瓶中,加热回流反应 3 h。过滤,用蒸馏水洗涤至中性,再用丙酮淋洗,干燥,得到目标产物。

五、思考题

(1)选择合适单体,说明阳离子开环聚合的特点。

(2)在三聚甲醛的阳离子开环聚合中,单体能否完全聚合,为什么?

(3)分析实验细节,思考如何进一步改进本实验。

(4)如何测定聚甲醛的封端率?

实验十七　高冲击性能环氧树脂制备及交联结构对其韧性的影响

一、实验目的

(1)了解环氧树脂的交联反应及对应拓扑结构。

(2)学会环氧树脂冲击韧性的表征方法。

二、实验原理

环氧树脂作为一种常见的热固性树脂,在胶黏剂、电子器件封装、电力设备绝缘和航空航天用树脂基复合材料等领域都有着广泛的应用。在实际使用中,相同的环氧树脂往往被用在不同的场合,对性能也有着不同的要求。环氧树脂能够满足这些要求的根源在于,其性能不仅取决于环氧树脂的化学结构,还与固化过程形成的交联网络拓扑结构密切相关。

环氧树脂通常为分子两端含有两个环氧基团的线型分子,一些特殊型号也可能包含 3~4 个环氧基团。以常见的 E51 环氧树脂为例(见图 2-27),其两端含有两个环氧基团,中间连接部分为缩水甘油醚结构。根据连接部分刚性、长度等参数的不同,固化后材料的玻璃化转变温度、机械强度和热稳定性等性能会有所差异。

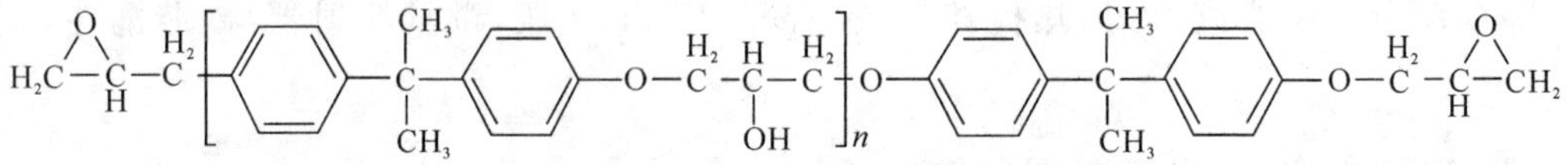

图 2-27 E51 环氧树脂分子结构

在使用时,环氧树脂必须通过固化剂进行交联,从而形成三维的网状结构。由于大部分环氧树脂包含两个环氧基团,为二官能度分子,交联过程需要使用多官能度的固化剂。常见的固化剂包括胺类固化剂、酸酐固化剂和催化型固化剂等。对应的交联反应可以分为以下两类,即加成型反应(胺类和酸酐类固化剂)和链增长型反应(催化型固化剂),如图 2-28 所示。对于加成型反应,环氧分子会迅速形成支化结构,并在内部形成交联网络,这就是所谓的微凝胶化。随着微凝胶颗粒尺寸和数量的增加,相互之间会连接并形成整体的交联网络。而对于链增长型反应,环氧分子首先发生线性聚合,形成具有一定长度的链状分子。这些分子间通过互穿和交联,形成初始的交联网络。由于链长增加,链增长型交联反应在凝胶点时的反应程度一般远低于支化型交联。从现象上看,体系黏度明显上升时,对应的反应程度显著降低。除凝胶点外,拓扑结构的差异会进一步影响最终的交联度,并改变环氧树脂的性能。

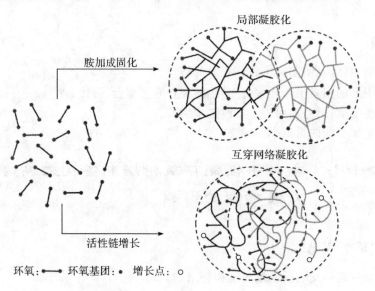

图 2-28 环氧树脂交联过程示意图(摘自 *Polymer*,2016,99:376-385)

三、试剂与仪器

1. 试剂

本实验所用试剂:E51 环氧树脂,二甲基苄胺,乙二胺。

2. 仪器

本实验所用仪器:鼓风烘箱,冲击试验机,切割机。

四、实验内容(记录实验现象并分析)

1. 样品制备

(1)在玻璃模具上均匀涂抹脱模剂,组装模具后放入鼓风烘箱中预热。

(2)在搅拌条件下将固化剂按化学计量比加入环氧树脂中,混合均匀,注意温度和混合时间对树脂流动性的影响。混合完成后放入真空烘箱中抽气,排除气体。

(3)将环氧树脂沿模具壁缓慢灌入模具中,避免气泡产生。

(4)设定固化程序后,等待固化完成。

2. 韧性测试

将制得的环氧树脂进行切割,使用摆锤式冲击实验机对冲击强度进行测试。测试需进行 10 次,取平均值。

五、思考题

(1)环氧树脂固化过程的影响因素有哪些?

(2)气泡等缺陷对测试得到的冲击韧性有什么影响,如何甄别异常点?

实验十八　羧甲基纤维素的合成

一、实验目的

(1)了解天然高分子,尤其是纤维素衍生物的种类及其应用。

(2)了解纤维素的化学改性和聚合物后修饰方法。

二、实验原理

天然高分子是一类重要的高分子材料。纤维素作为人类最早使用的高分子材料,因其来源广泛而被普遍使用。然而,天然纤维素由于分子间和分子内的氢键作用,难以溶解和熔融,加工性能较差,限制了其应用。经过化学改性引入其他功能基团可以有效破坏这些氢键作用,使纤维素衍生物可以进行纺丝、成膜等加工。因此,纤维素的衍生及其加工在高分子工业发展初期占据了重要的地位。

根据纤维素的衍生物制备过程中所形成键的不同,可以将其衍生物分为醚化纤维素和酯化纤维素两类。羧甲基纤维素是一种醚化纤维素,是经氯乙酸和纤维素在碱性条件下反应制得的。由于氢键作用的存在,纤维素有着很强的结晶能力,难与小分子发生化学反应。为了制备纤维素衍生物,通常需要在低温下用 NaOH 等碱性溶液对其进行处理,破坏纤维素分子间和分子内的氢键,使之转变为反应活性较高的碱纤维素。低温处理,一方面有利于纤维素与碱结合,另一方面还可以抑制纤维素的水解。碱纤维素的组成将影响醚化过程和醚化产物的性能。

醚化剂与碱纤维素的反应是多相反应,醚化反应取决于醚化剂在碱水溶液中的溶解与扩散速度。碘代烷作为醚化剂,虽然反应活性较高,但其扩散慢,溶解性能差;高级氯代烃也存在同样的问题;硫酸二甲酯溶解性好,但是反应效率低,只能用于制备低取代的甲基纤维素。碱液浓度和碱纤维素的组成对醚化反应影响很大。原则上,碱纤维素的碱量不应超过活化纤维素羟基的必需化学量。纤维素的醚化过程如图 2-29 所示。

(1)碱化

$$[C_6H_7O_2(OH)_3]_n + nNaOH \longrightarrow [C_6H_7O_2(OH)_3ONa]_n + nH_2O$$

(2)醚化

$$[C_6H_7O_2(OH)_2ONa]_n + nClCH_2COONa \longrightarrow [C_6H_7O_2(OH)_2OCH_2COONa]_n + nNaCl$$

图 2-29 纤维素醚化过程示意图

羧甲基纤维素是一种聚电解质,能够溶于冷水和热水中,广泛用于涂料、食品、造纸和日化等领域,被称为"工业味精"。

三、试剂与仪器

1. 试剂

本实验所用试剂:异丙醇,甲醇,氯乙酸,氢氧化钠,微晶纤维素,盐酸,0.1 mol/L NaOH 标准溶液,0.1 mol/L HCl 标准溶液,酚酞指示剂,AgNO$_3$ 溶液,pH 试纸。

2. 仪器

本实验所用仪器:机械搅拌器,三口烧瓶,酸式滴定管,温度计,锥形瓶,研钵,水浴锅,抽滤装置,玻璃棒,定性滤纸,真空干燥箱。

四、实验内容(记录实验现象并分析)

1. 纤维素的碱化

将 40 mL 异丙醇和 5 mL 45% NaOH 溶液加入装有机械搅拌器的三口烧瓶中,通入氮气并开启机械搅拌器。在侧口缓慢加入 3 g 微晶纤维素,于 30 ℃下剧烈搅拌 40 min。

2. 纤维素的羧甲基化

向上述三口烧瓶中加入 4 mL 75% 氯乙酸异丙醇溶液。充分混合后,在 75 ℃反应 45 min。冷却至室温后,用 10% 盐酸中和至 pH=4,然后用甲醇反复洗涤除去无机盐和未反应的氯乙酸。干燥即得目标产物。

五、思考题

(1)纤维素中葡萄糖单元中有三个羟基,哪个最容易与氯乙酸反应?碱浓度过大会对纤维素醚化有什么影响?

(2)二级和三级氯代烃为什么不能用来制备醚化纤维素?

(3)结合应用,举例说明纤维素能发生的其他反应。

实验十九 无皂乳液聚合制备亚微米级胶体颗粒

一、实验目的

(1)了解无皂乳液聚合体系组成及聚合机理。

（2）学会采用无皂乳液聚合制备苯乙烯、甲基丙烯酸共聚胶体颗粒。

（3）了解激光粒度仪的构成、测量原理及操作方法。

二、实验原理

无皂乳液聚合是指在反应过程中完全不加入乳化剂或仅加入微量乳化剂（小于临界胶束浓度 CMC）的乳液聚合过程，又称无乳化剂乳液聚合。与常规乳液聚合相比，无皂乳液聚合具有如下特点：①避免了由乳化剂的加入带来的对聚合产物电性能、光学性能、表面性能、耐水性及成膜性等的不良影响；②不使用乳化剂，降低了产品成本，缩减了乳化剂的后处理工艺；③制备出来的乳胶粒具有单分散性，表面"洁净"，粒径比常规乳液聚合的大，可以被制成具有表面化学能的功能颗粒；④无皂聚合乳液的稳定性通过离子型引发剂残基、亲水性或离子型共聚单体等在乳胶粒表面形成带电层来实现。

无皂乳液聚合的发展最早可以追溯到 1937 年由 Gee，Davies 和 Melville 在乳化剂浓度小于 CMC 条件下进行的丁二烯乳液聚合。此后 Matsumoto 和 Ohi 又于 1960 年在完全不用乳化剂的条件下，合成了具有粒度单分散性乳胶粒的聚苯乙烯、聚甲基丙烯酸甲酯以及聚醋酸乙烯酯乳液。此后便相继出现了许多有关无皂乳液聚合研究的报道。自 20 世纪 70 年代开始，人们便对无皂乳液聚合的成核机理进行了广泛深入的研究。目前普遍被人接受的机理可归纳为均相成核和低聚物胶束成核两种（见图 2－30）。

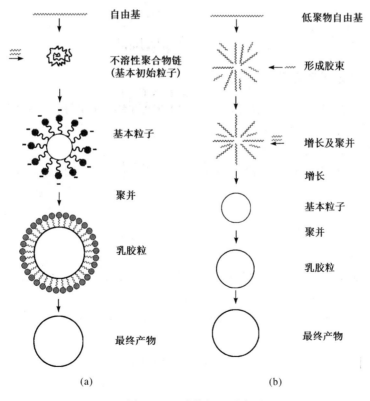

图 2－30　成核机理示意图

（a）均相成核；（b）低聚物胶束成核

1.均相成核机理

该理论的主要观点是,聚合反应的最初阶段是在水相中进行,并进一步成核的。引发剂首先在水相中分解生成自由基,继而将溶于水中的单体分子引发聚合并进行链增长。这样便形成了一端带有亲水性基团(引发剂碎片 SO_4^-)的自由基活性链。随着链增长反应的进行,自由基活性链聚合度增大,在水中溶解性逐渐变差,当活性链增长至临界链长时,自身卷曲缠结,从水相中析出,形成基本初始粒子。基本初始粒子一旦形成,便会捕捉水相中的自由基活性链而继续增长,形成基本粒子。基本粒子直径仍然很小(对 PS,大约为 5 nm),极不稳定。需要通过粒子间的进一步聚并来提高粒子的稳定性。这种粒子间的聚并是影响成核速率的一个重要因素。

2.低聚物胶束成核机理

在聚合反应初期,首先在水相生成大量具有一定长度疏水链段的低聚物,链的一端带有亲水性的引发剂碎片 SO_4^- 基团,使低聚物本身具有表面活性剂的作用。当这些低聚物达到临界胶束浓度时,彼此并靠在一起形成低聚胶束,并增溶单体,引发反应而成核。

三、试剂与仪器

1.试剂

本实验所用试剂:苯乙烯,过硫酸钾,甲基丙烯酸。

2.仪器

本实验所用仪器:水浴锅,机械搅拌器,激光数字转速表,三口烧瓶(250 mL),烧杯(250 mL,25 mL),量筒(100 mL),冷凝管,激光粒度仪。

四、实验内容(记录实验现象并分析)

(1)实验装置准备:将三口烧瓶、冷凝管、机械搅拌器、水浴锅架好,遵循"安装:先下后上,先左后右;拆卸:先上后下,先右后左"的原则。

(2)用 100 mL 的量筒量取去离子水 150 mL,加入到三口烧瓶中。

(3)用 25 mL 的烧杯称取苯乙烯 2.7 g,甲基丙烯酸 0.3 g,混匀后加入到三口烧瓶内,开启冷凝水。

(4)开启机械搅拌器,将转速调节至 300 r/min;将水浴锅温度设定为 80 ℃,开始升温。

(5)用 25 mL 的烧杯称取过硫酸钾 0.1 g,并向其中加入 10 mL 的去离子水,用玻璃棒搅拌至其全部溶解,备用。

(6)在水浴锅温度升至 80 ℃后,将过硫酸钾水溶液倒入三口烧瓶中引发聚合。

(7)自加入过硫酸钾溶液完毕开始计时,反应时间为 3 h。

(8)反应结束后,将得到的乳液倒出,存放在 250 mL 的烧杯内,用保鲜膜密封,备用,等待检测。

(9)拆卸所有实验装置,将所用反应瓶及玻璃仪器清洗干净。

五、思考题

(1)分析本实验中单体苯乙烯和甲基丙烯酸共聚过程是按照哪种无皂乳液聚合机理进行的,简要阐述其聚合过程。

(2)为什么引发剂要在 80 ℃下加入？是否可以在室温加入？可能产生哪些差异？

实验二十 悬浮聚合制备多孔物微球

一、实验目的

(1)了解悬浮聚合体系组成及液滴获取方法。
(2)学会采用悬浮聚合制备聚苯乙烯/二乙烯基苯多孔微球的工艺。
(3)掌握相分离造孔机理及孔道控制方法。
(4)了解压汞仪的构成、测量原理及操作方法。

二、实验原理

溶有引发剂的单体以液滴状悬浮于水中进行自由基聚合的方法称为悬浮聚合法,这个方法最早由 Hoffman 和 Delbruch 在 1909 年提出。整体看,水为连续相,单体为分散相。聚合在每个小液滴内进行,一个小液滴就相当于本体聚合的一个小单元,反应机理与本体聚合相同,可看作小珠本体聚合。将水溶性单体的水溶液作为分散相悬浮于油类连续相中,在引发剂的作用下进行聚合的方法,称为反相悬浮聚合法。从单体液滴转变为聚合物固体粒子,中间会经过聚合物-单体黏性粒子阶段。为了防止粒子相互黏结在一起,体系中须加有分散剂,以便在粒子表面形成保护膜。悬浮聚合物的粒径约为 0.05～2 mm(或 0.01～5 mm),主要受搅拌和分散控制。

悬浮聚合体系的优点有:①体系黏度低,聚合热容易导出,散热和温度控制比本体聚合、溶液聚合容易;②产品相对分子质量及分布比较稳定,聚合速率及相对分子质量比溶液聚合的要高一些,杂质含量比乳液聚合的低;③后处理比溶液聚合和乳液聚合简单,生产成本较低,三废较少;④粒料树脂可直接用于加工。其缺点有:①存在自动加速作用;②必须使用分散剂,且在聚合完成后,很难从聚合产物中除去,会影响聚合产物的性能(如外观、老化性能等);③聚合产物颗粒会包藏少量单体,不易彻底清除,影响聚合物性能。

悬浮聚合目前大都为自由基聚合,但在工业上应用很广。如聚氯乙烯的生产中 75％采用悬浮聚合过程,聚合釜也渐趋大型化;聚苯乙烯及苯乙烯共聚物也主要采用悬浮聚合法生产;其他还有聚醋酸乙烯、聚丙烯酸酯类和氟树脂等。聚合在带有夹套的搪瓷釜或不锈钢釜内进行,间歇操作。大型釜除依靠夹套传热外,还配有内冷管或(和)釜顶冷凝器,并设法提高传热系数。悬浮聚合体系黏度不高,搅拌一般采用小尺寸、高转数的透平式、桨式、三叶后掠式搅拌桨。

多孔微球的制备方法主要有悬浮聚合法、后交联修饰法、种子溶胀法、分散聚合法、酸碱处理法、微孔膜乳化法等。悬浮聚合法是制备多孔聚合物微球的传统方法,并已大规模应用于工业生产。它们的致孔机理也已被广泛研究:在有致孔剂的情况下,微胶球形成、聚集并且相互连接;聚合完成后再利用适当的溶剂将致孔剂提取出来,而原来致孔剂所占的位置成为孔,即得到多孔结构。可以通过调节致孔剂的种类和用量来控制孔的大小。其中,致孔剂要求满足如下条件:①与单体完全互溶或能完全溶于少量的非水溶剂中;②不溶于水或极微溶于水;③不与单体、引发剂反应,在聚合过程中是惰性的;④在聚合反应完成后易于提取。致孔剂可以分为良溶剂、不良溶剂和线性聚合物,典型致孔剂有甲苯、正己烷、环己烷、硅油、液体石蜡、饱和脂肪醇、聚苯乙烯。

悬浮聚合典型体系是苯乙烯-二乙烯基苯共聚体系。其成孔过程可分为三个阶段(见图2-31):微胶粒的生成、微胶粒的团聚、球内团聚微胶粒的凝固。在孔结构形成的第一阶段,会发生相分离。其分离取决于反应温度和交联剂、致孔剂的浓度。随着聚合进行,单体转化成共聚物,其分子链段缠绕成微胶粒,形成共聚核。在第二阶段,缠绕继续,胶粒团聚成团。多孔结构即是这些胶团间的空隙。所用致孔剂类型对胶团结构影响很大,并直接影响到最终产品的孔结构。若在聚合过程中不发生相分离,聚合完成后,一旦致孔剂被提取,则得不到多孔微球。

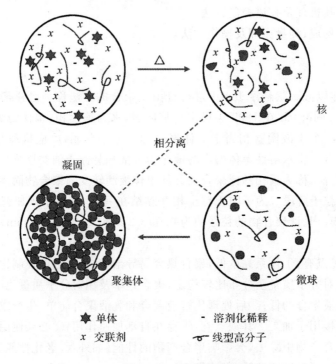

图 2-31 成孔机理示意图

三、试剂与仪器

1. 试剂

本实验所用试剂:苯乙烯,过氧化苯甲酰,明胶,二乙烯基苯,丙酮,液体石蜡,正己烷。

2. 仪器

本实验所用仪器:水浴锅,机械搅拌器,激光数字转速表,三口烧瓶,冷凝管,压汞仪。

四、实验内容(记录实验现象并分析)

(1)实验装置准备:将三口烧瓶、冷凝管、机械搅拌器、水浴锅架好,遵循"安装:先下后上,先左后右;拆卸:先上后下,先右后左"的原则。

(2)用100 mL的量筒量取去离子水150 mL,加入到三口烧瓶中,在搅拌条件下向其中加入3.5 g明胶,升温使其全部溶解,将体系降至室温。

(3)用 25 mL 的烧杯称取过氧化苯甲酰 0.1 g,苯乙烯 3 g,二乙烯基苯 3 g,完全溶解后,再向其中加入 2 g 液体石蜡和 2 g 正己烷,混合混匀后加入到三口烧瓶内,开启冷凝水。

(4)开启机械搅拌器,将转速调节至 300 r/min;将水浴锅温度设定为 85 ℃,开始升温。

(5)在水浴锅温度升至 85 ℃后,恒温反应 4 h。

(6)反应结束后,将得到的悬浮液倒出,存放在 250 mL 的烧杯内,装入砂芯玻璃柱,依次用热水洗 3 次,冷水洗 3 次,用丙酮提取致孔剂,水洗去除丙酮,得到多孔微球备用,等待检测。

(7)拆卸所有实验装置,将所用反应瓶及玻璃仪器清洗干净。

五、思考题

(1)为什么悬浮聚合制备多孔微球必须要加入交联剂?

(2)多孔微球以干态保存为宜还是湿态保存为宜? 为什么?

实验二十一 分散聚合制备单分散聚合物颗粒

一、实验目的

(1)了解分散聚合体系组成及聚合机制。

(2)掌握采用分散聚合制备聚苯乙烯单分散颗粒的工艺。

(3)熟练掌握光学显微镜的操作方法。

二、实验原理

分散聚合是在 20 世纪 70 年代初由英国 ICI 公司的研究者首先提出的一种聚合方法,最初主要用于开发非水分散涂料、黏合剂、表面处理剂等。严格来讲,分散聚合是一种特殊类型的沉淀聚合。单体、稳定剂和引发剂都溶解在介质中,反应开始前为均相体系,生成的聚合物不溶解在介质中,在聚合物链达到临界链长后,从介质中沉析出来。分散聚合和一般沉淀聚合的区别是,沉析出来的聚合物不是形成粉末状或块状的聚合物,而是聚结成小颗粒,借助于稳定剂悬浮在介质中,形成类似于聚合物乳液的稳定分散体系。通过分散聚合方法可以一步得到粒径为 0.5～10 μm 的单分散聚合物微球,制得的单分散聚合物微球可以作为功能性高分子材料,在标准计量、分析化学、生物工程等领域有着广阔的应用前景。

用分散聚合方法制备单分散聚合物微球,关键在于以下几个方面:①初始成核期要短,使微粒尽可能在同一时间生成以保证微球在同一基础上增长,当然成核期短是微球单分散的必要条件,而不是充分条件;②在粒子增长期间,连续相生成的短链应在析出和形成新的粒子前,被已存在的粒子捕获,不出现二次成核;③在粒子增长期间,避免粒子间的聚并。

目前关于分散聚合稳定机理众说不一,有人主张接枝共聚物聚结机理,也有人主张接枝稳定机理。分散聚合机理(见图 2-32)认为稳定剂以物理方式吸附于聚合物颗粒表面,形成表面水化层,使粒子不易聚集并稳定地悬浮在介质中;接枝共聚物聚结机理认为稳定剂分子通过活性氢位点与低聚物反应形成接枝共聚物,接枝共聚物再"锚接"吸附于聚合物颗粒表面,分散剂支链伸向水相,形成"毛发粒子",靠空间障碍而使体系稳定,从而防止聚合物颗粒在形成阶段发生絮凝和聚结。

一般认为，以上两种聚合机理同时存在，而又以齐聚物沉淀机理为主。并且在整个过程中，稳定剂的接枝共聚物和独立的稳定剂分子共同起到稳定粒子的作用。独立的稳定剂分子通过物理作用吸附到粒子表面，这种物理吸附由于附着力较弱，属可逆吸附。而稳定剂的接枝共聚物在粒子表面的吸附属于不可逆的锚式吸附。即聚合物接枝链固着在粒子表面内，而稳定剂分子主链则伸向介质内。对于这种锚式吸附，不能用溶剂将稳定剂接枝共聚物清洗下来，故称为不可逆吸附。

近年来，分散聚合成为一步法制备 $0.1 \sim 15 \ \mu m$ 高分子微球的最常见方法，甚至几乎成为唯一的方法。在适当的条件下，用分散聚合法制备的粒径颇为均一的高分子微球，也被称为单分散的高分子微球。国内外很多学者对分散聚合法中所用的溶剂及其极性、共聚单体的结构和动力学等作了较多的理论研究工作，促进了聚苯乙烯(PS)微球的发展。

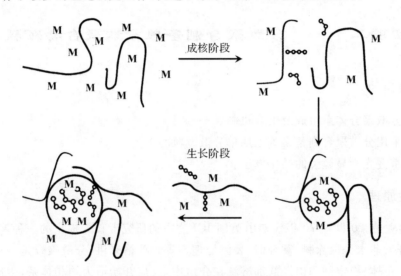

图 2-32 分散聚合机理示意图

三、试剂与仪器

1.试剂

本实验所用试剂：苯乙烯，聚乙烯吡咯烷酮，偶氮二异丁腈，无水乙醇。

2.仪器

本实验所用仪器：水浴锅，机械搅拌器，激光数字转速表，三口烧瓶，冷凝管，光学显微镜。

四、实验内容(记录实验现象并分析)

(1)实验装置准备：将三口烧瓶、冷凝管、机械搅拌器、水浴锅架好，遵循"安装：先下后上，先左后右；拆卸：先上后下，先右后左"的原则。

(2)天平称取聚乙烯吡咯烷酮 3 g 至 250 mL 烧杯中，用 100 mL 的量筒量取无水乙醇 90 mL 加入烧杯，使聚乙烯吡咯烷酮全部溶解，加入到三口烧瓶中。

(3)用 10mL 量筒量取去离子水 10 mL，加入三口烧瓶；用天平称取 8 g 苯乙烯和 0.1 g 偶氮二异丁腈,完全溶解后,亦加入三口烧瓶。

（4）开启冷凝水及机械搅拌器,将转速调节至 300 r/min;将水浴锅温度设定为 80 ℃,升温。

（5）在水浴锅温度升至 80 ℃后,恒温反应 4 h。

（6）反应结束后,将得到的悬浮液倒出,存放在 250 mL 的烧杯内,离心分离,依次用无水乙醇洗 3 次,用去离子水洗 3 次,得到单分散聚苯乙烯微球备用,等待检测。

（7）拆卸所有实验装置,将所用反应瓶及玻璃仪器清洗干净。

五、思考题

（1）如果在本实验的体系中加入少量甲苯,会对聚合产物产生怎样的影响?

（2）哪些物质可以充当分散聚合物的稳定剂?

实验二十二　沉淀聚合制备环交联聚膦腈微球

一、实验目的

（1）了解沉淀聚合原理。

（2）学会沉淀聚合制备环交联聚膦腈微球的方法。

（3）熟练掌握显微镜的操作方法。

二、实验原理

沉淀聚合是指生成的聚合物不溶于其单体,或者单体和引发剂能溶于反应介质,而生成的聚合物不能溶于反应介质,聚合物生成后就从反应体系中沉淀出来的聚合方法。

沉淀聚合方法是由 Stöver 等在 1993 年提出的,他们以乙腈为溶剂制备了二乙烯基苯（DVB）和 DVB-苯乙烯（S）的单分散聚合物微球,也制备了 DVB 与其他单体（如丙烯酸酯类单体、氯甲基苯乙烯）的共聚物微球,以及其他不同形态的微球。在此基础上,他们提出了无须任何表面活性剂与稳定剂制备单分散微球的沉淀聚合方法。

沉淀聚合是一种非均相聚合方式,其反应机理与均相聚合有些不同。在自由基聚合反应中,增长的聚合物链以紧密的小球形粒子沉淀出来,其含有活性自由基末端,这样就使两个活性聚合物链的终止反应难以进行,导致反应速度和相对分子质量迅速增加,即产生凝胶效应。Stöver 提出沉淀聚合过程分为两个阶段:第一个阶段是成核阶段,即在两相界面上形成低聚物,当低聚物的浓度达到一定限度就从溶剂中析出凝聚成核;第二个阶段是,在聚合过程中,交联剂的部分双键参与聚合反应,残余双键悬挂在微球表面,它们继续从溶液中捕获单体或者可溶性低聚物,使微球逐步增大。在聚合的任何阶段都在微球表面存在部分交联且可溶胀的凝胶层。这一表面凝胶层起到了稳定微球的作用。

通过沉淀聚合制得到的聚合物多是球形,粒径均匀。该聚合方法的优点是过程洁净,聚合体系黏度低,无须表面活性剂及稳定剂。比如丙烯腈水相沉淀聚合就是生产聚丙烯腈的重要方法。

环交联聚膦腈是双功能基团单体与六氯环三磷腈发生交联反应得到的,其高度交联,并且具有一定程度的刚性。由于磷腈基团的特殊结构,聚膦腈材料在医药载体、催化剂载体、防火材料和耐磨材料等领域有着广泛的应用。

本实验将采用二羟基二苯砜与六氯环三磷腈,在三乙胺催化下,在乙腈中制备环交联聚膦腈微球,并通过光学显微镜观察微球形貌,其聚合过程示意图如图 2-33 所示。

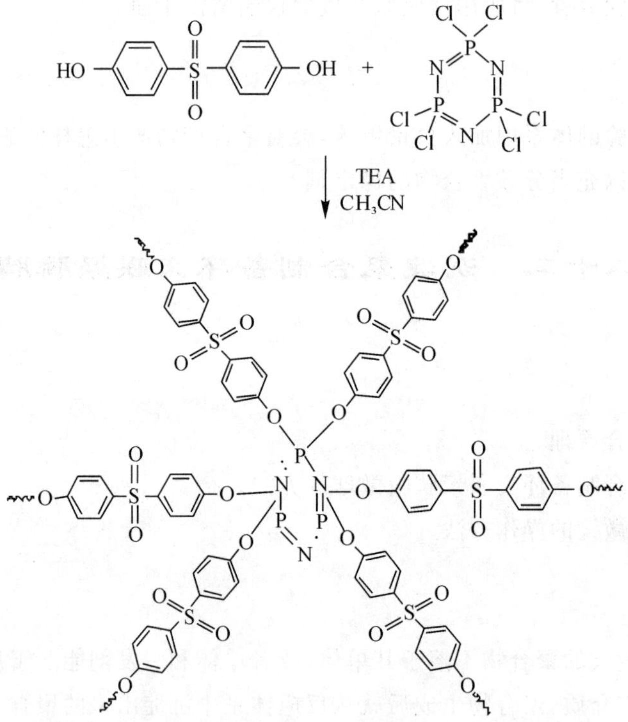

图 2-33 沉淀聚合制备环交联聚膦腈微球机理示意图

三、试剂与仪器

1.试剂

本实验所用试剂:二羟基二苯砜,六氯环三磷腈,乙腈,无水乙醇。

2.仪器

本实验所用仪器:磁力加热搅拌器,搅拌子,冷凝管,圆底烧瓶,离心机,光学显微镜。

四、实验内容(记录实验现象并分析)

1.沉淀聚合

称取六氯环三磷腈 0.1 g 和二羟基二苯砜 0.2 g 于 Schlenk 瓶中,加入 15 mL 乙腈,搅拌至溶解。向其中加入 7 mL 三乙胺,回流反应 1.5 h。反应结束后,离心分离,用无水乙醇和去离子水分别洗涤两次,真空干燥,即得到产物。

2.光学显微镜观察

将所制备微球重新分散至乙腈中,滴加数滴到载玻片上,置于光学显微镜下观察微球形貌。

五、思考题

(1)可否使用烷基二醇作为单体与六氯环三磷腈反应制备环交联聚膦腈?

(2)以二乙烯基苯和苯乙烯的沉淀聚合为例,分析自由基沉淀聚合的过程。

实验二十三　静电纺丝制备聚乙烯吡咯烷酮纳米纤维

一、实验目的

(1)了解静电纺丝的机理和操作流程。

(2)掌握用静电纺丝法制备聚合物纤维的操作流程。

二、实验原理

静电纺丝是一种特殊的纤维制造工艺,指用聚合物溶液或熔体在强静电场中进行喷射纺丝。在强电场作用下,利用电极向聚合物溶液或者熔体中引入静电荷,在电场作用下拉伸,针头处的液滴会由球形变为圆锥形(即"泰勒锥"),并从圆锥尖端延展得到纤维细丝(见图 2 - 34)。用这种方式可以生产出纳米级直径的聚合物细丝,比普通挤出拉丝得到的纤维直径要小很多。

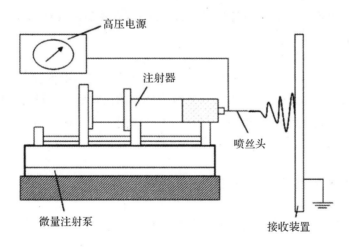

图 2 - 34　静电纺丝过程示意图

静电纺丝装置由基座、喷射口、高压电源和接收屏组成。在喷射头与接收屏之间施加一个高压电场,电压通常为 1~4 kV。需要纺丝的材料首先被溶解在适当的溶剂中,进而被加入到带有喷射口的容器中。若在喷射口和接收屏之间施加的电场力与液体表面张力的作用方向相反,就会在半球形状的液滴表面产生一个向外的力。当电场逐渐增强时,溶液中的同性电荷被迫聚集在液滴表面,液滴表面电荷所产生的电场使喷射口的液滴由半球形逐渐变为锥形(泰勒锥)。当电场足够大时,射流就从液滴表面喷出。一般来说,溶液的导电性越强,越容易形成喷射。喷射流随后被电场力加速并拉长,与此同时,易挥发的溶剂开始挥发,造成射流束,射流束直径随着溶剂的挥发而变小,射流的黏性增加。当射流离开液滴表面附近的基底区域进入下一个区域的时候,由于射流表面所带电荷的相互排斥力,射流会分散开来,形成许多直径相似的细小纤维落在接收屏上,得到具有纳米纤维结构的薄膜材料。最终得到的纤维直径取决于单位长度上的电荷以及射流分散形成纤维的多少。

静电纺丝的优点在于工艺简单,纤维直径可调,纤维取向可控,具有大规模生产的潜力。一般来说,静电纺丝的工艺参数包括溶液浓度、电场强度、针头直径和接收距离等。通过选择合适的上述参数,理论上可实现将任何高分子材料静电纺丝成纳米纤维。

目前静电纺丝已经在组织工程支架材料、功能纳米材料,能源,环境,生物医学,光电等领域展现出广泛的应用。

三、试剂与仪器

1.试剂

本实验所用试剂:聚乙烯吡咯烷酮($M_n = 30\ 000$),无水乙醇,蒸馏水。

2.仪器

本实验所用仪器:烧杯,漏斗,一次性注射器,磁力搅拌器,静电纺丝系统。

四、实验内容(记录实验现象并分析)

1.静电纺丝溶液的配制

配制质量分数为30%的聚乙烯吡咯烷酮乙醇溶液,需要超声处理 0.5 h,并搅拌 10 h,最终得到稳定的溶液。

2.静电纺丝过程

用注射器抽取一定量的电纺溶液,安装好注射器针头。将注射器固定在接高压正极的金属盘片中心孔中,在注射器下方位置放置收集纳米纤维的接收板。关好电纺腔玻璃门,开启电源,边观察边调试电压、推进速度等参数,得到纳米纤维膜。实验参数如下:相对湿度 40%,接收距离 14 cm,推进速度 0.8 mL/min,电压 16 kV。

3.关机

关闭高压电源并清理仪器,用乙醇清洗注射器。

4.观察纤维形貌

利用光学显微镜,以不同放大倍数观察纤维形貌。

五、思考题

(1)用静电纺丝法制备纳米纤维材料有哪些优点?

(2)在静电纺丝过程中,如果溶液浓度过低会对静电纺丝有何影响?

(3)如何制备出定向排布取向的纳米纤维膜?

实验二十四　有机/无机杂化材料:二氧化硅纳米粒子的制备及其表面修饰

一、实验目的

(1)了解溶胶-凝胶过程。

(2)了解二氧化硅纳米粒子合成及接枝聚合机理。

(3)学会二氧化硅纳米粒子的合成及其表面修饰。

二、实验原理

二氧化硅(俗称白炭黑)是一种无毒、无味、无污染的无机非金属材料。作为纳米材料,其平均尺寸为 1~100 nm。由于纳米二氧化硅比表面大,表面基团化学反应活性高,可与聚合物基体发生界面反应,在工业上常用作填料来对聚合物进行增强、增韧。同时,二氧化硅纳米粒子的光学性能、电学性能和生物相容性均良好,在军事、通信、电子、光学和生物医学等领域都得到了广泛的使用。

二氧化硅纳米粒子的合成是溶胶-凝胶过程。利用正硅酸乙酯在碱的催化下,与水反应,通过水解缩合过程即可得到二氧化硅纳米粒子。其反应过程如图 2-35 所示。

$$n\mathrm{Si(OC_2H_5)_4} \;+\; 4n\mathrm{H_2O} \longrightarrow n\mathrm{Si(OH)_4} \;+\; 4n\mathrm{C_2H_5OH}$$

图 2-35　二氧化硅水解过程化学反应

二氧化硅纳米粒子合成的经典方法是 Stöber 方法。范特霍夫实验室的科学家们在大量实验和前人研究的基础上,建立了较为合理的二氧化硅粒子的生长模型。他们认为:在单分散二氧化硅形成和生长初期,稳定的新核是由不稳定的微晶核团聚形成的,主要由不稳定的微晶核克服粒子表面的静电斥力向颗粒扩散控制生长,而在粒子生长的中后期,主要有硅酸可溶性缩合物在颗粒表面的反应控制生长。具体生长过程如图 2-36 所示。

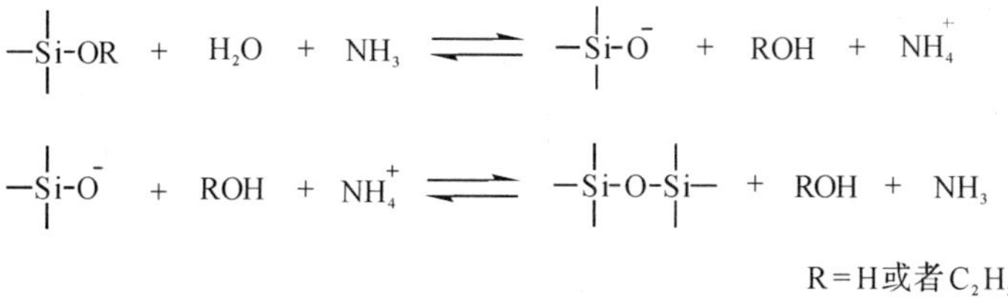

$$-\!\!\overset{|}{\underset{|}{\mathrm{Si}}}\!-\!\mathrm{OR} \;+\; \mathrm{H_2O} \;+\; \mathrm{NH_3} \;\rightleftharpoons\; -\!\!\overset{|}{\underset{|}{\mathrm{Si}}}\!-\!\bar{\mathrm{O}} \;+\; \mathrm{ROH} \;+\; \mathrm{NH_4^+}$$

$$-\!\!\overset{|}{\underset{|}{\mathrm{Si}}}\!-\!\bar{\mathrm{O}} \;+\; \mathrm{ROH} \;+\; \mathrm{NH_4^+} \;\rightleftharpoons\; -\!\!\overset{|}{\underset{|}{\mathrm{Si}}}\!-\!\mathrm{O\text{-}Si}\!-\! \;+\; \mathrm{ROH} \;+\; \mathrm{NH_3}$$

$$R=H 或者 C_2H_5$$

图 2-36　二氧化硅纳米粒子生长过程化学反应

通过上述方法制备得到的二氧化硅纳米粒子,其表面为反应活性较高的羟基,可以与其他功能基团进一步反应,实现二氧化硅粒子表面的功能化。比如通过硅烷偶联剂 KH550 就可以在二氧化硅粒子表面引入柔性链段,其末端为活性更强的氨基。通过氨基与 2-溴异丁酰溴的酰胺化反应,即可在其表面引入 ATRP 引发剂,从而可以进行表面接枝。

三、试剂与仪器

1. 试剂

本实验所用试剂：正硅酸乙酯，无水乙醇，氨水，去离子水，2-溴异丁酰溴，三乙胺。

2. 仪器

本实验所用仪器：水浴锅，机械搅拌器，激光数字转速表，三口烧瓶，冷凝管。

四、实验内容（记录实验现象并分析）

1. 二氧化硅纳米粒子的制备

量取 30 mL 去离子水和 50 mL 乙醇，混合均匀。滴入正硅酸乙酯 100 mL 和氨水，调节 pH 值为 9～10。搅拌 1 h，静置、离心得到二氧化硅纳米粒子，连续使用无水乙醇洗涤三次，即得到白色轻质的二氧化硅纳米粒子。

2. 二氧化硅纳米粒子的表面修饰

将所制备的二氧化硅纳米粒子分散至干燥甲苯中，加入适量的硅烷偶联剂 KH550，反应一段时间后，加入适量三乙胺，在搅拌下滴加 2-溴异丁酰溴。室温反应 2 h 后，离心，洗涤，得到表面 ATRP 引发剂修饰的二氧化硅纳米粒子。

五、思考题

(1) 如何表征二氧化硅纳米粒子表面修饰的 ATRP 引发剂数量？

(2) 查阅资料，列举纳米粒子生长的其他机理。

实验二十五　有机／无机杂化材料：二氧化硅纳米粒子表面接枝法制备聚合物刷

一、实验目的

(1) 了解刷型聚合物的合成方法。

(2) 掌握用二氧化硅表面接枝法制备刷型聚合物。

(3) 进一步巩固原子转移自由基聚合技术。

二、实验原理

聚合物刷是由表面引发聚合衍生而来的，指的是分子链一端以物理作用或者化学键连接在固体基材表面的单层聚合物。可以想象，当表面聚合物的接枝密度足够高时，接枝的高分子链将采取较为伸展的构象，看起来很像刷状结构。一般讲来，聚合物刷的合成有三种方法（见图 2-37）：①grafting to，即利用聚合物末端的功能基团通过特异性相互作用或高效化学反应将一种聚合物连接到另一种聚合物主链上；②grafting through，即大分子单体法，通过聚合技术将末端为可聚合基团的大分子单体聚合；③grafting from，即利用化学反应在聚合物主链上引入聚合引发基团，然后再发生聚合反应。

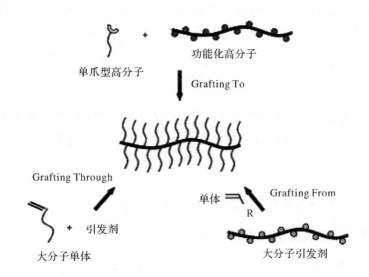

图 2-37　聚合物刷的合成方法示意图(摘自 *Prog. Polym. Sci.*，2008，33：759-785)

可控聚合技术，如原子转移自由基聚合(ATRP)、可逆加成-断裂链转移自由基聚合(RAFT)和开环易位聚合(ROMP)都可以用来制备聚合物刷。ATRP 是一种常见的制备聚合物刷的方法。本实验以表面引发原子转移自由基聚合(SI-ATRP)(其原理见图 2-38)制备核壳结构的球形聚合物刷，其核为表面接枝为 ATRP 引发剂的二氧化硅纳米粒子，壳为聚甲基丙烯酸甲酯。

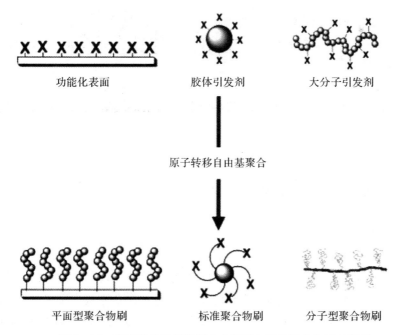

图 2-38　表面引发原子转移自由基聚合制备聚合物刷示意图

(摘自 *Macromol.*，2003，24，1043-1059)

聚合物刷作为材料表面改性的重要手段,吸引了理论界和实验科学界的广泛关注,在生物医用材料、表面润滑与浸润、纳米导线等方面有着潜在应用前景。

三、试剂与仪器

1. 试剂

本实验所用试剂:甲基丙烯酸甲酯,溴化亚铜,N,N,N′,N,′N″-五甲基二亚乙基三胺(PMDETA),四氢呋喃,表面修饰 ATRP 引发剂的二氧化硅纳米粒子,偶氮二异丁腈,无水乙醇。

2. 仪器

本实验所用仪器:磁力加热搅拌器,搅拌子,圆底烧瓶,Schlenk 瓶,滴管,长针。

四、实验内容(记录实验现象并分析)

(1)首先在圆底烧瓶中加入 ATRP 引发剂接枝的二氧化硅纳米粒子、PMDETA、甲基丙烯酸甲酯和适量四氢呋喃,超声分散。然后通氮气除氧 30 min。

(2)在 Schlenk 瓶中加入适量溴化亚铜,通氮气除氧 10 min。

(3)在氮气保护下,将除氧后的分散液用注射器转移至 Schlenk 瓶中,继续除氧 10 min。置于 60 ℃油浴中聚合。

(4)2 h 后,停止反应,将产物滴加在乙醇中沉淀 2 次,干燥得到目标产物。

五、思考题

(1)如何表征所得到的核壳型聚合物刷?

(2)查阅文献,设计实验路线,利用其他可控自由基聚合技术,通过 grafting from 或 grafting to 方法合成聚合物刷。

实验二十六　紫外光固化涂料的制备及性能测试

一、实验目的

(1)了解光固化涂料的合成机理和制备工艺。

(2)掌握光引发聚合的基本知识。

二、实验原理

光聚合或者光固化是自由基聚合的一种,通常指单体分子(包括低聚物)在光的引发(多数借助光敏剂)下活化为自由基而进行的连锁聚合过程。这种聚合方式广泛应用于光固性涂料、油墨、制版和其他固化过程,是一种有效的成膜过程,具有高效、适应性广、经济、节能、环保的特点。一般而言,光聚合所用的光源主要是高压或中压汞灯(不连续光)和氙灯(连续光)。

与常规自由基聚合不同,光聚合的核心在于活性中心的生成方式,其聚合活化能较低,聚合度随反应温度升高而增加。一般认为,单体分子中双键的 π 电子经紫外光激发后,产生双自由基,单体从分子两端进行链增长。然而,简单烯类单体的特征吸收波长都在 300 nm 以下,而且其摩尔消光系数 ε 值很小,光能利用率极低,聚合速率慢,效率低。为了提高光聚合的效率,一般要加入相应的光引发剂或光敏剂。

常见的光引发剂主要有两大类:①二苯甲酮类或蒽醌类和氢给体组成的体系,通过光化学提氢反应生成自由基,其中氢给体产生的自由基起着主要引发作用,例如二苯甲酮-叔胺体系。②安息香类及苯乙酮衍生物,按诺里什 I 型裂解反应生成自由基,例如安息香醚类。安息香醚的 $\alpha - H$ 被烷氧基取代后,既能提高存储稳定性,又能提高光引发效率。

光引发聚合的基本过程如图 2 - 39 所示。

链引发:

$$PI \xrightarrow{h\nu} R^{\cdot}$$

$$R^{\cdot} + H_2C=CHR \longrightarrow RCH_2\overset{\cdot}{C}HR$$

链增长:

$$RCH_2\overset{\cdot}{C}HR + nH_2C=CHR \longrightarrow R(CH_2CHR)_n CH_2\overset{\cdot}{C}HR$$

$$\overset{P^{\cdot}}{}$$

链终止:

$$R^{\cdot} + R^{\cdot} \longrightarrow R\text{-}R$$

$$P^{\cdot} + P^{\cdot} \longrightarrow P\text{-}P$$

$$P^{\cdot} + R'H \longrightarrow P\text{-}H + \overset{\cdot}{R}'$$

$$P^{\cdot} + O_2 \longrightarrow P\text{-}O\overset{\cdot}{O}$$

$$P\text{-}O\overset{\cdot}{O} + R'H \longrightarrow P\text{-}OOH + \overset{\cdot}{R}'$$

图 2 - 39　光引发聚合的基本过程

光固化涂料是一类重要的涂料,在全球涂料市场约占 30% 的份额。第一代光固化涂料是 Bayer 在 1968 年开发出来的,主要用于木器。我国自 20 世纪 70 年代开始研发光固化涂料,并在 90 年代取得了快速进步。以 UV 固化光纤保护涂料为例,其主要组分一般为:预聚物 30%～60%,活性稀释剂 40%～60%,光引发剂 1%～5%,其他助剂 0.2%～1%。其中预聚物是固化膜的主体,决定了固化涂料的主要性能,常见的有环氧丙烯酸酯,聚氨酯丙烯酸酯类。活性稀释剂的主要作用是降低体系黏度,同时参与光固化过程,常见的有苯乙烯,三缩丙二醇二丙烯酸酯,1,6-己二醇二丙烯酸酯等。光引发剂则决定了光固化的效率,一般为二苯甲酮、安息香醚类等。

三、试剂与仪器

1.试剂

本实验所用试剂:聚氨酯丙烯酸酯,环氧丙烯酸酯,聚甲基丙烯酸酯,丙烯酸丁酯(稀释剂),安息香丁醚(光引发剂),对苯二酚。

2.仪器

本实验所用仪器:水浴锅,机械搅拌器,激光数字转速表,三口烧瓶,冷凝管,滴液漏斗,温度计。

四、实验内容(记录实验现象并分析)

1. 涂料的制备

向装有机械搅拌器、冷凝管和温度计的三口烧瓶中加入一定量的聚氨酯丙烯酸酯、环氧丙烯酸酯、聚甲基丙烯酸酯和丙烯酸丁酯。其中聚氨酯丙烯酸酯和环氧丙烯酸酯的总质量分数为67%,两者比例选为5:5;聚甲基丙烯酸酯质量分数为10%;丙烯酸丁酯质量分数为20%。在氮气气氛下,将丙烯酸丁酯缓慢加入到三口烧瓶中,于80℃下反应一段时间。降温,取样测定体系pH值,当pH>5时,将温度降至65℃,加入适量活性稀释剂以调节体系黏度,倒出即可制得涂料。

2. 光固化时间的测定

将配制好的涂料用牙签涂覆在载玻片上,然后水平放于光固化灯下进行光聚合。以30 s为单位进行观察,到涂覆的涂料不黏手时的全部时间即为其光固化时间。

五、思考题

(1)光固化过程中的聚合量子产率如何计算? 举例说明。

(2)举例说明光固化的优缺点及其在实际生产中的应用。

(3)为什么要在涂料的制备过程中加入对苯二酚?

(4)查阅文献,举例说明光聚合的最新进展。

第三部分　高分子材料演示实验

演示实验一　聚己内酯的单轴拉伸

一、实验目的

(1)掌握高分子单轴拉伸中几个典型的力学转变点的物理意义。

(2)学会计算材料拉伸过程中如模量、屈服应变等参数。

(3)了解高分子单轴拉伸中的微观结构变化。

二、实验原理

单轴拉伸是一种常用的表征材料机械性能的手段。通过得到的应力-应变曲线,能够判断材料的模量、强度和安全使用范围等重要参数。高分子材料由于特殊的长链结构,拉伸过程中可能出现多种不同的结构变化,从而表现出更为复杂的应力-应变响应。

单轴拉伸指的是,对样条沿单一方向进行拉伸,且使其形变方向与应力主轴方向一致的变形过程。对于初始长度为 l_0、横截面积为 A_0 的样条(见图 3-1),拉伸后样条长度方向增加,横截面积减小。定义工程应力为 $s = F/A_0$,其中 F 为拉伸所需的力。对应的工程应变定义为 $e = (l-l_0)/l_0$,其中 l 为拉伸后的实际长度。在实际使用中,工程应力和工程应变使用较多,也经常将它们简称为应力和应变。

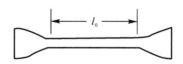

图 3-1　哑铃样条示意图

图 3-2 给出了高分子材料在单轴拉伸中的典型应力-应变曲线。在拉伸的初始阶段,应力随着应变增大呈线性增加。这一区域的形变为弹性形变,应力释放后形变能完全回复。对应的应力-应变曲线可以用来计算材料的弹性模量。继续增大应变,应力的增加逐渐偏离线性,直至应力出现极大值。应力极大值出现的应变被称为屈服应变,对应的应力称为屈服应力(σ_Y)。在屈服点之后,宏观应力随着应变增加逐渐减小,这一现象称为应变软化(strain softening)。应变软化的发生往往意味着材料的失效,因此屈服应力和屈服应变的大小对于材料的实际使用有重要意义。应变软化结束后,应力逐渐变为恒定值,不随应变的增加而发生变化。这一区域往往对应着细颈现象的发生,如图 3-3 所示。此时,样条两端不发生明显变形,

只有细颈区域逐渐扩展,引起宏观应变持续增加。当细颈扩展结束,应力再次迅速上升,材料进入应变-硬化区域。这一区域中高分子链被强烈拉伸,沿拉伸方向高度取向。材料断裂时的应力被称为断裂强度(σ_B),对应的应变为断裂应变。

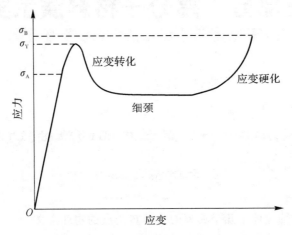

图 3-2　高分子单轴拉伸中的应力(stress)-应变(strain)曲线

图 3-3　细颈产生及扩展示意图

三、试剂与仪器

1. 试剂

本实验所用试剂:聚己内酯($M_n = 80\ 000$)。

2. 仪器

本实验所用仪器:小型平板硫化机,液压机,裁刀,游标卡尺,万能试验机。

四、实验内容(记录实验现象并分析)

1. 样品制备

将聚己内酯颗粒料在 100 ℃下压片,制成厚度为 1 mm 左右的片状样品,再利用裁刀裁出拉伸所需哑铃形样条。对照组采用矩形样条。

2.拉伸实验

对哑铃形样条和矩形样条分别进行拉伸,每组三个样条。由应力-应变曲线给出弹性模量、屈服应变、屈服应力、应变硬化点、断裂伸长率和断裂强度。对细颈出现的位置做定性记录。

五、思考题

(1)拉伸实验为什么一般采用哑铃形样条?

(2)细颈位置能否控制?

演示实验二　凝胶渗透色谱仪测量高分子相对分子质量及其分布

一、实验目的

(1)了解凝胶渗透色谱的基本原理。

(2)掌握用凝胶渗透色谱仪测定相对分子质量和相对分子质量分布的操作方法。

二、实验原理

凝胶渗透色谱也称为体积排斥色谱,是一种液相色谱技术。其分离对象是同一聚合物中不同相对分子质量的聚合物组分。当高分子样品中不同相对分子质量的各个组分的相对分子质量和含量被确定后,就可以得到该高分子样品的相对分子质量分布信息,进而可以对其相对分子质量进行统计,得到不同的平均相对分子质量及其分布。

凝胶渗透色谱的基本原理是根据溶质的体积不同,在色谱柱中,由体积排斥效应的差异进行分离。高分子在溶液中的体积取决于相对分子质量、链的柔顺性、拓扑结构、溶剂和温度等。当高分子链的结构、溶剂和温度确定后,高分子的体积主要依赖于相对分子质量。凝胶渗透色谱的固定相是多孔微球,由高交联度的聚苯乙烯、聚丙烯酰胺、葡萄糖和多孔硅胶等制成。流动相是可溶解聚合物的溶剂。当聚合物溶液流经色谱柱(凝胶颗粒)时,较大的分子(体积大于凝胶孔隙)被排除在粒子的小孔之外,只能从粒子间的间隙通过,速率较快;而较小的分子可以进入粒子中的小孔,通过的速率要慢得多;中等体积的分子可以渗入较大的孔隙,但受到较小孔隙的排阻,介于上述两种情况之间。经过一定长度的色谱柱,分子根据相对分子质量被分开,相对分子质量大的在前面(即淋洗时间短),相对分子质量小的在后面(即淋洗时间长)。自试样进柱到被淋洗出来,所接受的淋出液总体积称为该试样的淋出体积。当仪器和实验条件确定后,溶质的淋出体积与其相对分子质量有关,即相对分子质量愈大,其淋出体积愈小。

如图3-4所示,凝胶渗透色谱仪的组成为泵系统、(自动)进样系统、凝胶色谱柱、检测系统和数据采集与处理系统。第一台凝胶渗透色谱仪器是由 J. C. Moore 在 1964 年研制成功的。

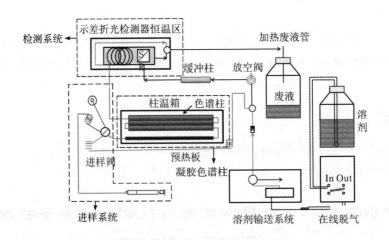

图 3-4　凝胶渗透色谱仪构造图

与常规的色谱技术类似,流动相通过溶剂输送系统以恒定速度进入色谱柱,这中间溶剂会经过一个进样系统,再被送入色谱柱。随着流动相的不断洗脱,根据尺寸排斥效应,不同相对分子质量的高分子组分被陆续淋洗出来。浓度检测器不断检测淋洗液中高分子组分的浓度响应,数据被记录下来后就得到一张完整的淋洗曲线,如图 3-5 所示。淋洗曲线只是不同体积高分子分离的效果图,并不是相对分子质量分布曲线。一般需要用一组相对分子质量分布较窄的标准样品对仪器进行标定,得到在指定条件下适用于结构与标样相同或类似的聚合物的标定关系。

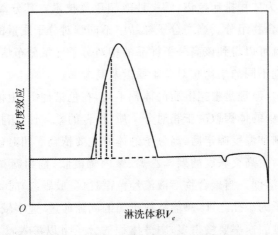

图 3-5　凝胶渗透色谱淋洗曲线示意图

三、试剂与仪器

1.试剂

本实验所用试剂:聚苯乙烯,四氢呋喃。

2.仪器

本实验所用仪器:微孔过滤器,配样瓶,进样注射器,分析天平,凝胶渗透色谱仪。

四、实验内容(记录实验现象并分析)

1. 样品配制

在配样瓶中称取约 5 mg 聚苯乙烯样品,加入 5 mL 四氢呋喃溶解,然后用 $0.45\mu m$ 孔径的微孔滤膜过滤。

2. 仪器观摩

仔细观察凝胶渗透色谱仪构造,了解其大致结构和功能,了解实验操作要点。设定流动相流速为 1 mL/min,柱温和检测器温度为 30 ℃。了解数据处理系统和数据处理软件的操作。

3. 样品测定

将聚苯乙烯溶液通过进样器注入,得到淋洗曲线后,用分析处理软件进行数据处理,得到相应的平均相对分子质量和多分散系数。

五、思考题

(1)为什么高分子的链结构、拓扑结构、溶剂和温度会影响凝胶渗透色谱的校正关系?

(2)为什么在凝胶渗透色谱实验中,样品溶液的浓度不必准确? 如果浓度过高会对所测数据有何影响?

(3)聚电解质可否用凝胶渗透色谱仪进行相对分子质量测定?

演示实验三　扫描电子显微镜表征高分子材料表面形貌

一、实验目的

(1)了解扫描电子显微镜的基本原理。

(2)学会表征高分子材料表面形貌的方法。

二、实验原理

表征高分子材料表面形貌的主要方法有扫描电子显微镜(SEM)法和原子力显微镜(AFM)法等。扫描电子显微镜(扫描电镜)的基础是电子与物质的相互作用。扫描电镜从原理上讲就是利用聚焦得非常细的高能电子束在试样上扫描,激发出各种物理信息;通过对这些信息的接收、放大和显示成像,获得对测试试样表面形貌的观察,如图 3-6 所示。

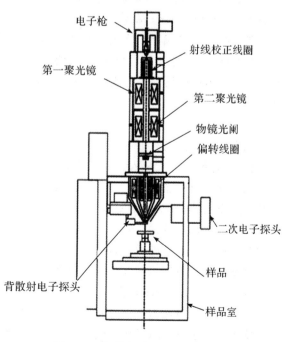

图 3-6　扫描电子显微镜构造图

如图 3-7 所示,当一束极细的高能入射电子轰击扫描样品表面时,被激发的区域将产生二次电子、俄歇电子、特征 X 射线和连续谱 X 射线、背散射电子、透射电子,以及在可见光、紫外光、红外光区域产生的电磁辐射。同时可产生电子-空穴对、晶格振动(声子)和电子振荡(等离子体)。

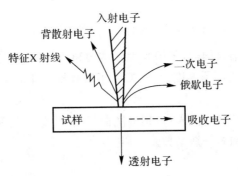

图 3-7 电子与样品作用机制图

1. 背散射电子

背散射电子是指被固体样品原子反射回来的一部分入射电子,其中包括弹性背反射电子和非弹性背反射电子。

弹性背反射电子是指被样品中原子核反弹回来的(散射角大于 90°)那些入射电子,其能量基本上没有变化(能量为数千到数万电子伏)。非弹性背反射电子是入射电子和核外电子撞击后产生的,不仅能量变化,而且方向也发生变化。非弹性背反射电子的能量范围很宽,从数十电子伏到数千电子伏。

从数量上看,弹性背反射电子远比非弹性背反射电子所占的份额多。背反射电子的产生范围为 100 nm~1 mm 深度。

背反射电子产额和二次电子产额与原子序数的关系:背反射电子束成像分辨率一般为 50~200 nm(与电子束斑直径相当)。背反射电子的产额随原子序数的增加而增加,所以,背反射电子作为成像信号不仅能用来分析形貌特征,也可以用来显示原子序数衬度,进行定性的成分分析。

2. 二次电子

二次电子是指被入射电子轰击出来的核外电子。由于原子核和外层价电子间的结合能很小,当原子的核外电子从入射电子获得了大于相应的结合能的能量后,可脱离原子成为自由电子。如果这种散射过程发生在比较接近样品表层处,那些能量大于材料逸出功的自由电子可从样品表面逸出,变成真空中的自由电子,即二次电子。

二次电子来自表面 5~10 nm 的区域,能量为 0~50 eV。它对试样表面状态非常敏感,能有效地显示试样表面的微观形貌。由于它发自试样表层,入射电子还没有被多次反射,所以产生二次电子的面积与入射电子的照射面积没有多大区别。因此二次电子的分辨率较高,一般可达到 5~10 nm。扫描电镜的分辨率一般就是二次电子分辨率。

二次电子产额随原子序数的变化不大,它主要取决于表面形貌。

由于高分子材料属于软物质,绝大多数不导电,因此在表征之前要对其表面进行预处理,使其导电。

三、试剂与仪器

1. 试剂

本实验所用试剂:聚乙烯吡咯烷酮静电纺丝纤维,环交联聚膦腈微球,无水乙醇。

2. 仪器

本实验所用仪器:捷克产 TESCAN 台上扫描电子显微镜。

四、实验内容(记录实验现象并分析)

1. 样品制备

将之前实验制备的聚乙烯吡咯烷酮电纺丝纤维贴在玻璃基底上,喷金备用;

将之前制备的环交联聚膦腈微球分散至乙醇中,超声处理,滴加在玻璃基底上,待溶剂挥发后,喷金备用。

2. 样品观测与成分分析

调整放大倍数、工作距离等参数,使样品图像清晰度最佳,并拍照。选择合适区域,利用能谱仪(EDS)对所测样品进行成分分析。

3. 关机

关机。

五、思考题

(1)在扫描电子显微镜样品制备过程中有哪些注意事项? 其对基底有什么要求?

(2)EDS 分析的原理是什么?

(3)从原理角度分析,如何提高电子显微镜的分辨率和放大倍数?

演示实验四 小角 X 射线散射在高分子有序结构表征中的应用

一、实验目的

(1)了解小角 X 射线散射的基本原理。

(2)掌握小角 X 射线散射的基本操作和数据分析方法。

(3)掌握高分子体系常见有序结构的特征小角 X 射线散射。

二、实验原理

X 射线散射是表征材料有序结构的一种有力手段。其基本原理是,X 射线在进入样品后与电子相互作用,从而发生散射。由于样品中原子的排布不同,电子在空间的分布也不同,从而导致不同的散射过程。通过对散射信号的分析,就可以反推出材料中有序结构的类型和空间距离。小角 X 射线散射作为其中的一种方法,具有检测尺度大(几百纳米)、样品范围广(溶液、液晶、凝胶、金属、聚合物等)和可跟踪结构形成过程等优势。

X 射线散射的原理如图 3-8 所示。当平行的 X 射线进入样品后,受到原子中电子的散射而发生偏转。对于距离为 d 的两个原子,其入射光和出射光间的光程差为 $2d\sin\theta$,其中 2θ 为入射 X 射线与出射 X 射线间的夹角。当光程差为波长 λ 的整数倍时,发生相干叠加,出现强度的极大值。对不同的结构而言,极大值出现的角度(峰位)也不同。

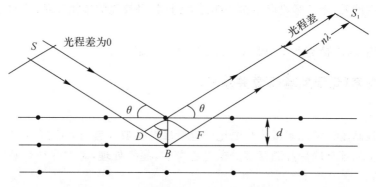

图 3-8　X 射线散射测量周期结构的原理

　　高分子的重复单元间虽然受到化学键连接的限制,依然可以形成多种不同程度的有序结构,如图 3-9 所示。对于柔性分子链,以一个或几个链段为单位的有序排列依然能够通过链构象调整发生,从而形成类似于如图 3-9 所示的空间点阵。这种情况对应着结晶性高分子。对于刚性较强的分子,构象调整更为困难,可能形成各种有序程度较低的液晶结构。而对于一些嵌段共聚物,由于亲疏水相互作用的驱动,不同链段会在不同区域聚集,以减少相互间的接触,降低体系自由能。根据嵌段长度和相容性,可能形成片层、六方柱状等大尺度的空间有序排列。

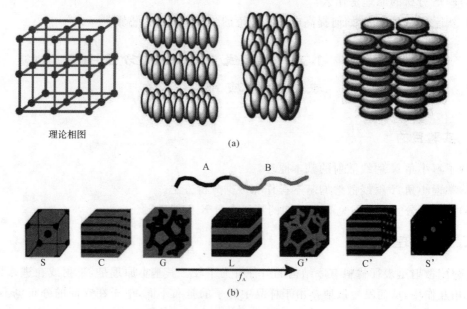

图 3-9　不同类型的高分子有序结构

(a)晶体的点阵排列,近晶相、向列相、六方柱状相液晶织构;(b)嵌段聚合物自组装结构理论相图

　　对于高分子体系,常见的有序类型包含片状结构、六方结构和立方结构。对应的散射峰峰

位间比例关系见表 3-1。

表 3-1　不同类型有序结构高阶散射峰峰位比值

有序结构类型	峰位比值
片层	$1:2:3:4$
六方	$1:\sqrt{3}:2$
体心立方	$1:\sqrt{2}:\sqrt{3}:2$
面心立方	$\sqrt{3}:2$

三、仪器与操作

　　小角 X 射线散射仪器主要分为两类:一类为小型实验室用仪器,代表性公司有 Bruker、安东帕和 Xenocs 等。商用仪器体积小,但光源强度相对较低,适合于静态结构表征。另一类设备为大型科学装置同步辐射光源,其通量相比商用光源有 10^3 倍以上的提高,在弱信号体系或动态变化过程的研究中有明显优势。

　　仪器主要由 X 射线光源、真空管道、样品室和探测器四部分组成。如图 3-10 所示为两种典型的小角 X 射线散射实验装置,分别为 Bruker 公司的 Nanostar 和上海同步辐射光源小角 X 射线散射线站。可以看出,虽然二者在外形上差异较大,但结构单元基本相同。

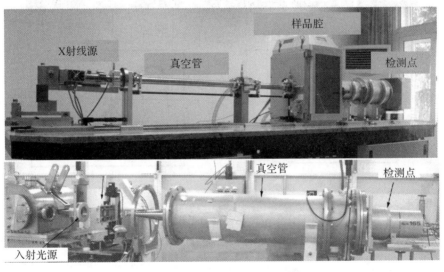

图 3-10　典型的小角 X 射线散射实验装置
(上图为 Bruker 公司的 Nanostar,下图为上海同步辐射光源小角 X 射线散射线站)

　　实验操作中小角 X 射线散射主要利用透射模式,过程如图 3-11 所示。入射 X 射线垂直穿过样品后部分发生偏转,也就是散射。在光路上利用探测器对 X 射线进行检测,从而在二维面上得到强度分布。中心部分为直通光,利用 beamstop 进行遮挡,其余部分为样品结构引起的散射信号。对于如图所示的片晶,可以看到水平方向出现椭圆形的散射信号。通过峰位 q_{max},可以得到片层间的距离。

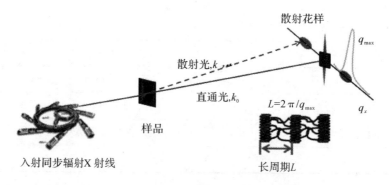

图 3-11 小角 X 射线散射测试过程示意图

四、演示内容

利用同步辐射小角 X 射线散射原位研究结晶过程,包含如何放置样品,如何采集和分析数据等。数据分析如图 3-12 所示。

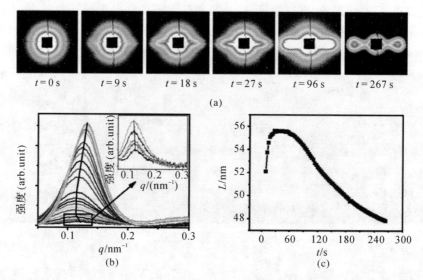

图 3-12 小角 X 射线散射原位跟踪结晶过程
(a)不同结晶时间下二维小角 X 射线的散射花样;(b)一维散射曲线随时间的变化;;(c)长周期随时间的变化

相关资料(来自 http://ssrf.sinap.cas.cn):

上海光源(Shanghai Synchrotron Radiation Facility,SSRF)是第三代中能同步辐射光源(见图 3-13),由中国科学院和上海市人民政府共同建议和建设,由中国科学院上海应用物理研究所承建,坐落于上海市浦东张江高科技园区,包括一台 150 MeV 电子直线加速器、一台全能量增强器、一台 3.5 GeV 电子储存环和已开放的 13 条光束线和 16 个实验站。

上海光源具有波长范围宽、高强度、高亮度、高准直性、高偏振与准相干性、可准确计算、高稳定性等一系列比其他人工光源更优异的特性,可用以从事生命科学、材料科学、环境科学、信息科学、凝聚态物理、原子分子物理、团簇物理、化学、医学、药学、地质学等多学科的前沿基础研究,以及微电子、医药、石油、化工、生物工程、医疗诊断和微加工等高技术的开发应用的实验研究。

上海光源是国家重大创新能力基础设施,是支撑众多学科前沿基础研究、高新技术研发的大型综合性实验研究平台,向基础研究、应用研究、高新技术开发研究各领域的用户开放。上海应用物理研究所/上海光源国家科学中心(筹)负责装置的运行、维护和改进提高。

上海光源在 2009 年 5 月 6 日正式对用户开放,除去集中维护检修期,每年向用户供光 4 000～5 000h。所有用户均可通过申请、审查、批准程序获得上海光源实验机时。

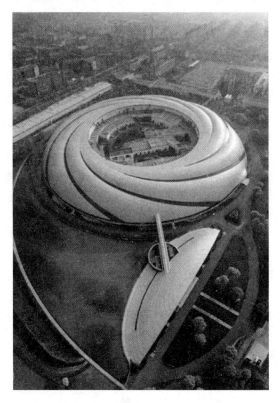

图 3-13　上海光源鸟瞰图(来自 http://ssrf.sinap.cas.cn/)

五、思考题

(1)小角 X 射线能够测试哪些样品?

(2)常见小角 X 射线散射花样有哪些?

(3)为什么延长曝光时间能够提高信噪比?

第四部分　自由探索与技能提高实验

为了增进同学们对高分子合成和高分子材料的兴趣,我们还结合西北工业大学理学院应用化学系的科研成果和笔者的个人研究经历提供了以下 10 个自由探索与技能提高实验。在此,只给出这些自由探索实验的实验背景和基本原理,希望同学们在文献调研的基础上,写出完整的实验原理与实验步骤,并自行准备实验,在指导教师指导下完成实验过程。

自由探索实验一　纳米纤维素制备

纤维素是植物通过光合作用合成的天然高分子,也是人类最早使用的高分子材料之一。由于其取之不尽、用之不竭的绿色化学特征,纤维素成为国内外科学家竞相研究的课题。

从化学结构上讲,纤维素是由 D-吡喃葡萄糖环彼此以 β-(1, 4)糖苷键以 C1 椅式构象连接而成的线性高分子(见图 4-1)。纤维素大分子中的每个葡萄糖基环上均有 3 个羟基,这三个羟基在多相化学反应中有着不同的活性特性。硝化纤维就是人类开发出来的一类高性能材料。以纤维素为原料制备出的羧甲基纤维素有着"工业味精"之称。我国在纤维素开发方面始终走在国际前沿,武汉大学的张俐娜院士团队开发出了温和的纤维素加工手段。纳米纤维素晶体是一类重要的纤维素材料,主要通过水解纤维素制备。这类晶体一般长度为 $10\sim1\,000$ nm,横截面尺寸为 $5\sim20$ nm。纳米纤维素晶体的弹性模量为 150 GPa,张力为 10 GPa,是一类绿色高强度的纳米材料。

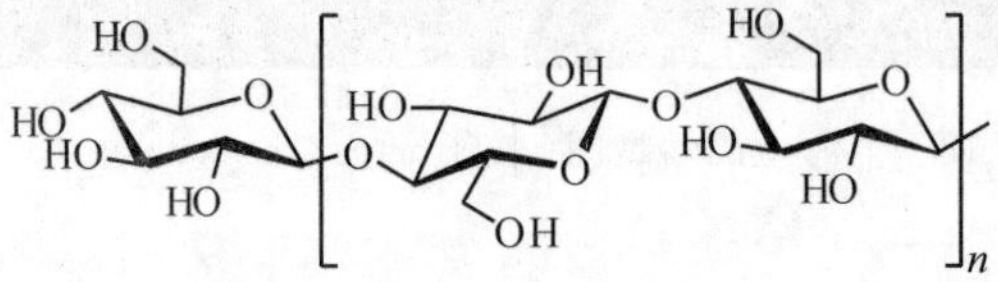

图 4-1　纤维素化学结构

纳米纤维素的合成方法有化学法、酶化学法、机械法等。

实验要求如下:

写出切实可行的纳米纤维素制备步骤,对所制备的纳米纤维素进行详细的物理、化学和材料性能表征。

自由探索实验二　木质素的提取

木质素是存在于植物纤维中的一种芳香族高分子化合物(见图 4-2),其含量约占木材重量的 50%,在植物组织中具有增强细胞壁及黏合纤维的作用。全世界每年仅制浆造纸业就要从植物中分离出 1.4 亿吨的纤维素,其中 5 000 万吨的木质素副产品被以"黑液"形式直接排入江河,很少得到有效利用。如何提高木质素的使用效率已经被世界各国提高到战略高度。经过探索,木质素已经在橡胶偶联剂、补强剂、染料分散剂、钻井的降黏剂等方面得到有效利用。

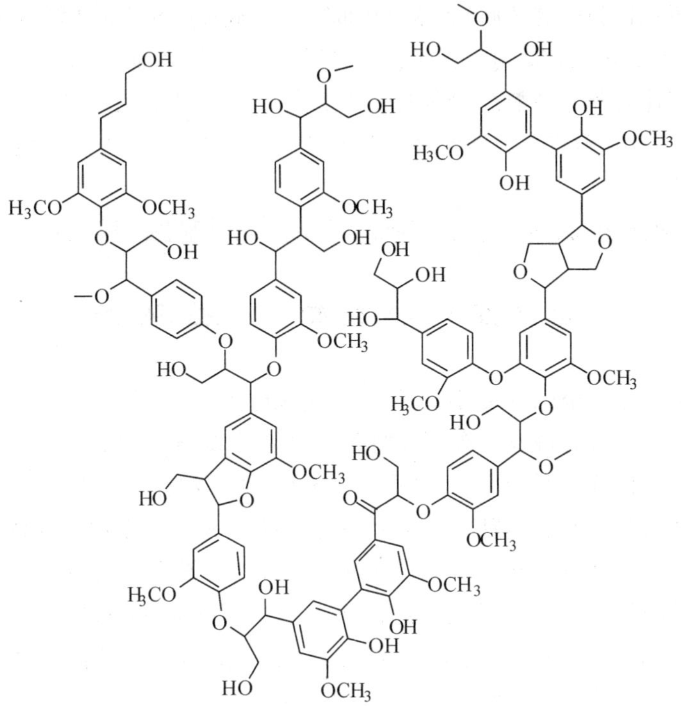

图 4 - 2　木质素化学结构

因单体不同,可将木质素分为 3 种类型:由紫丁香基丙烷结构单体聚合而成的紫丁香基木质素(syringyl lignin,S -木质素),由愈创木基丙烷结构单体聚合而成的愈创木基木质素(guaiacyl lignin,G -木质素)和由对-羟基苯基丙烷结构单体聚合而成的对-羟基苯基木质素(para - hydroxy - y - phenyl lignin,H -木质素)。裸子植物主要为愈创木基木质素(G),双子叶植物主要含愈创木基-紫丁香基木质素(G - S),单子叶植物则为愈创木基-紫丁香基-对-羟基苯基木质素(G - S - H)。

目前木质素的提取方法有传统制浆法、有机溶剂提取法等。

实验要求如下:

写出切实可行的木质素提取步骤,对所制备的木质素结构进行表征。

自由探索实验三　室温硫化硅橡胶

硅橡胶是一种直链状的高相对分子质量的聚硅氧烷(见图 4 - 3),其相对分子质量一般在 1.5×10^5 万以上,结构形式与硅油类似。根据硅原子上所链接的有机基团不同,硅橡胶有二甲基硅橡胶、甲基乙烯基硅橡胶、甲基苯基硅橡胶、氟硅橡胶、腈硅橡胶、乙基硅橡胶乙基苯撑硅橡胶等许多品种。

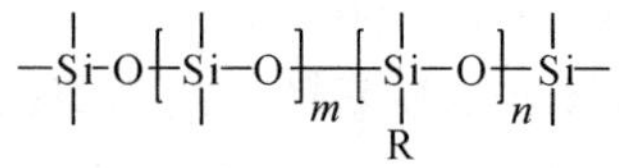

图 4 - 3　硅橡胶化学结构

室温硫化硅橡胶在分子链的两端(有时中间也有)各带有一个或两个官能团,在一定条件下(空气中的水分或适当的催化剂),这些官能团可发生反应,从而形成高相对分子质量的交联结构。按照硫化机理可以分为缩合型和加成型。其中缩合型是最常见的一种,其生胶通常为羟基封端的聚硅氧烷,其硫化反应通常借助空气中的水分进行引发,使用范围较广。

实验要求如下:

选择合适的硅橡胶生胶、硫化方法和催化剂体系,对所制备的橡胶进行黏度测试。

自由探索实验四　点击聚合

新材料的开发依赖于聚合方法学的发展,开发便捷高效、高选择性、条件温和、原料简单易得、原子经济的聚合反应,对构筑具有新结构和新功能的高分子材料具有重要的意义。"点击反应"由于具有模块化、选择性好、适用范围广、条件温和、反应高效、无副产物、原子经济性、官能团耐受性等特点而得到广泛的研究和应用。经过高分子科学家们的不懈努力,一系列点击反应,如 Cu(I)的叠氮-炔环加成反应、巯基-炔反应、巯基-烯反应、Diels - Alder 反应等,已被开发为制备聚合物的强有力工具,许多功能性聚合物材料已被制备、开发出来。

一般而言,"点击聚合"是一类新型、高效聚合反应的统称,它具备快速高效、反应条件温和、原料廉价易得、提纯简便、产物区域选择性和立体选择性好等优势,是高分子合成方法学中"一颗冉冉升起的明星",在聚合方法学中占有重要地位。唐本忠院士团队开发了多种点击聚合新方法,胺-炔点击聚合如图 4 - 4 所示。

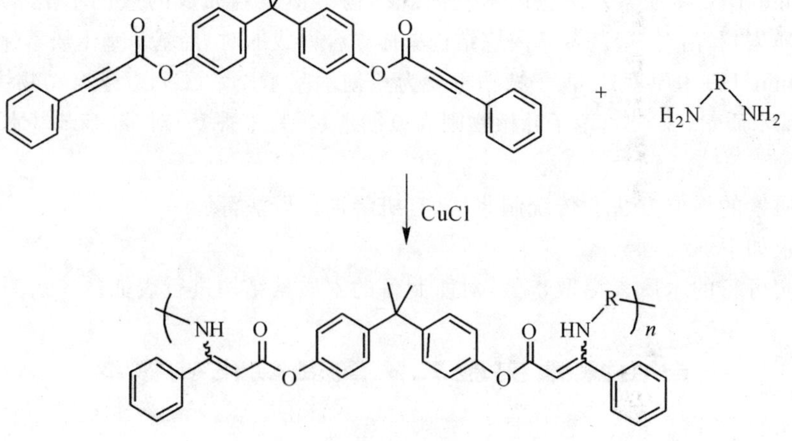

图 4 - 4　内炔-芳香胺点击聚合过程

实验要求如下：

查阅相关文献，根据实验室条件选择合适的点击聚合体系，对所制备的点击聚合产物结构进行详细表征。

自由探索实验五 超支化聚合物制备

早在 1952 年，Flory 就提出了可以由多官能团单体制备高度支化的聚合物（见图 4-5）的观点。但在之后的几十年中，高度支化的聚合物并没有引起人们的注意。直到 20 世纪 80 年代中期，杜邦公司合成了一种超支化聚合物，并申请了第一项关于这方面的专利，而且于 1988 年在美国洛杉矶召开的全美化学会议上公布了这一成果。

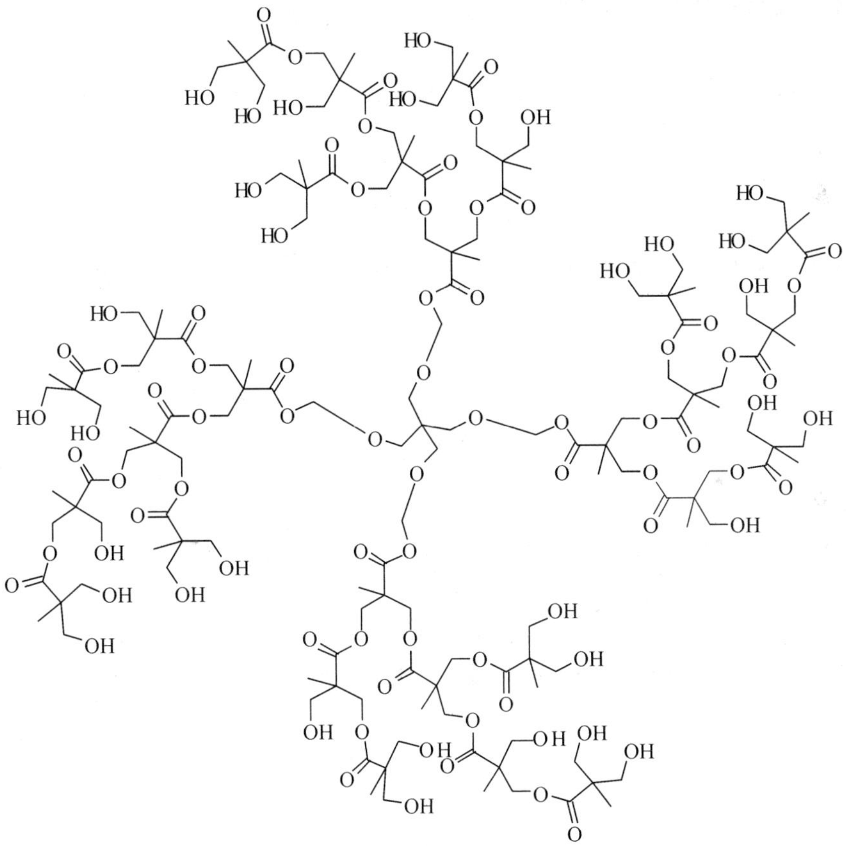

图 4-5 超支化聚酯结构式

从结构上看，超支化聚合物的结构不要求很完美，它具有一定的相对分子质量分布，并且与树枝形聚合物相似，一般可采用一锅法（one-pot synthesis）来合成，所以易于工业化生产。与线性同系物相比，超支化聚合物具有较高的溶解性和较低的黏度。我国科学家颜德岳院士在超支化聚合物合成及其功能化方面做出了卓越的贡献。

一般而言，超支化聚合物可以通过缩聚、加聚、质子转移等方法制得。

实验要求如下：

查阅相关文献，设计超支化聚合物的合成路线，对所制备的超支化聚合物结构进行详细表征。

自由探索实验六　无溶剂纳米流体结构设计与制备

无溶剂纳米流体，是由具有柔性链结构的有机长链分子通过离子键作用以足够高的接枝密度锚定在纳米粒子表面形成的具有类液体行为的纳米材料。其最显著的特点是能够在室温条件下不借助任何溶剂就表现出液体的流动性。由于这类材料具有特定的离子键作用形式以及室温类液体特性，它们也被称为纳米尺度离子材料或超分子离子液体。由于这类材料能在无溶剂的条件下表现出类液体行为，它们还被称为自悬浮纳米粒子流体或干纳米流体。无溶剂纳米流体合成示意图如图 4-6 所示。

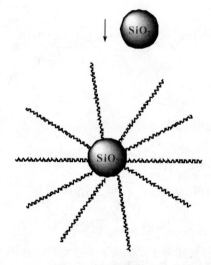

$$\begin{array}{c} \text{—O} \\ \text{—O—Si—CH}_2\text{CH}_2\text{—O—CH}_2\text{—CH—CH}_2 \\ \text{—O} \end{array} \quad + \quad CH_3O(CH_2CH_2O)_6\text{—}[CH_2CH(RO)]_n\text{—}CH_2CH(CH_3)\text{—}NH_2$$

$$R = H, CH_3, \quad n_{EO} : n_{PO} = 70/30$$

$$CH_3O(CH_2CH_2O)_6\text{—}[CH_2CH(RO)]n\text{—}CH_2CH(CH_3)\text{—}N\text{—}CH_2\underset{OH}{CH}\text{—}CH_2\text{—O—}CH_2CH_2\text{—Si}\begin{array}{c}\text{—O} \\ \text{—O} \\ \text{—O}\end{array}$$

$$R = H, CH_3, \quad n_{EO} : n_{PO} = 70/30$$

图 4-6　无溶剂纳米流体合成示意图

一般而言，二氧化硅纳米粒子、碳纳米管等材料都可以通过接枝适当的高分子实现其无溶剂纳米流体的制备。

实验要求如下：

查阅相关文献，设计无溶剂纳米流体的合成路线，对所制备的纳米流体的熔点进行表征。

自由探索实验七　淀粉类高吸水树脂制备

高吸水树脂是一种新型的功能性高分子材料,它具有非常强的吸水能力,能吸收自身质量几十倍乃至几千倍的水,这是以往任何吸水材料无法比拟的。高吸水树脂不但吸水能力强,而且保水能力也非常好,吸水后,无论施加多大压力也不脱水,因此又被称为高保水剂。由于高吸水树脂既有独特的吸水性能和保水能力,又具备高分子材料的优点,即有良好的加工性能和使用能性能,因此在农业、林业、园艺、医疗、化妆品、建材、食品等领域有着广泛应用。我国对高吸水树脂的研究虽然只有30多年的历史,但发展迅速,并取得了一定的成果。

高吸水树脂可以通过溶液聚合、反相悬浮聚合、反相乳液聚合等方法制备。依据原料不同,高吸水性树脂可以分为淀粉、纤维素和人工合成三大类。其中,淀粉类高吸水树脂合成机理如图4-7所示。

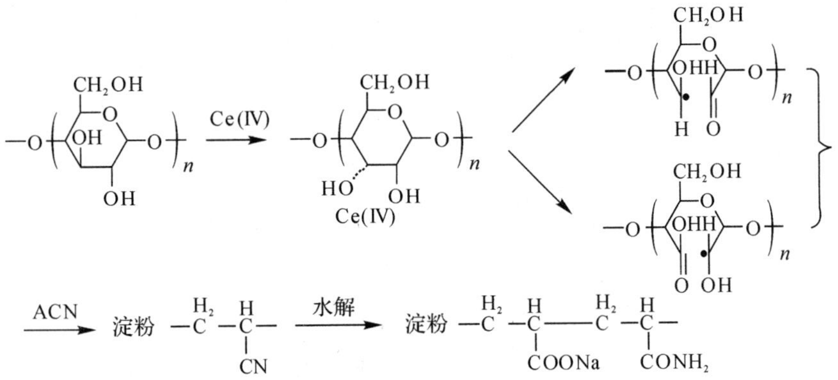

图4-7　淀粉类高吸水树脂合成机理示意图

实验要求如下:

查阅相关文献,设计淀粉类高吸水树脂的合成路线,对所制备的高吸水树脂的吸水率进行表征。

自由探索实验八　主客体作用制备超分子聚合物

主客体作用是基于主体分子和客体分子之间高效、特异性的识别能力的。常见的主体分子有环糊精、环芳烃、柱芳烃、葫芦脲等环状分子,客体分子通常为与这类主体分子尺寸、电性、两亲性相匹配的小分子。以 β-环糊精为例,金刚烷可以与其发生高效的主客体络合,其结合常数可达 10^5 M^{-1}。

利用主客体相互作用的特异性和可调控性,可以实现多种智能材料、刺激响应高分子、常规方法无法制备的高分子等新颖高分子的合成。比如日本科学家 Harada 通过在聚合物侧链接枝环糊精,并通过其与侧链接枝金刚烷的高分子之间的高效识别实现了智能水凝胶的宏观自组装调控。通过主客体相互作用合成嵌段聚合物示意图如图4-8所示。

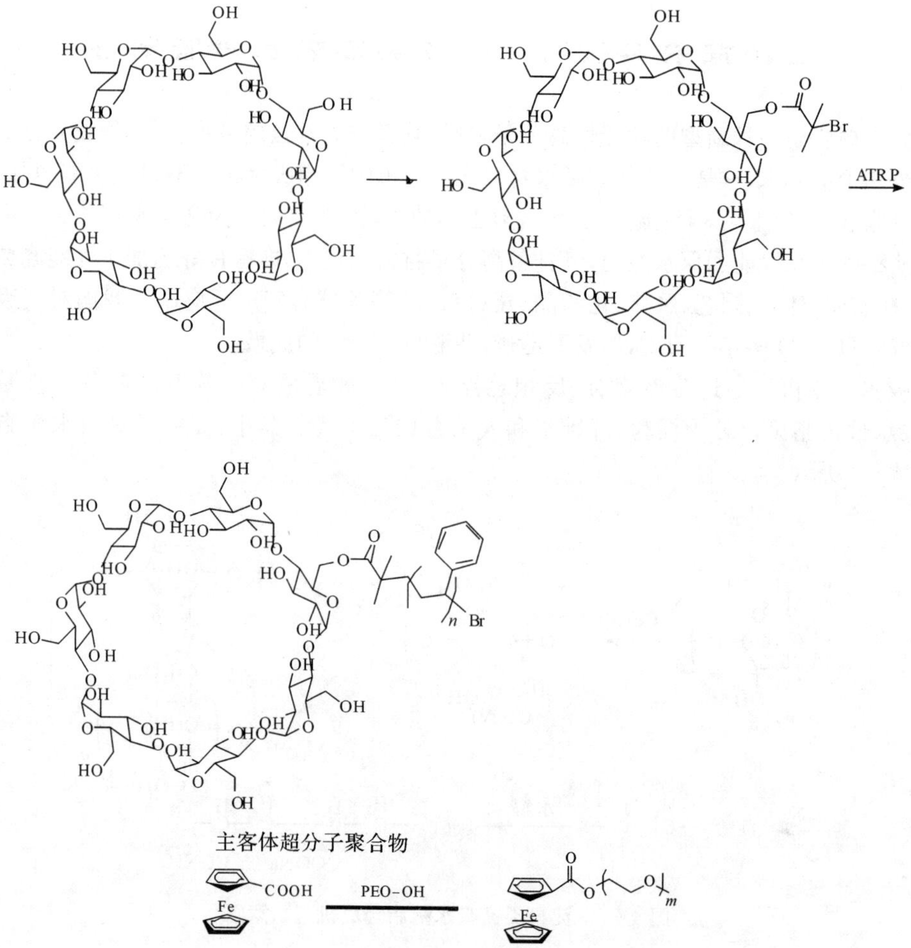

图 4-8　通过主客体相互作用合成嵌段聚合物示意图

实验要求如下：

查阅相关文献，设计主客体高分子的合成路线，对所制备的超分子聚合物结构进行表征。

自由探索实验九　有机金属高分子合成

有机金属高分子是指由含金属原子或者配合物的单体经过聚合形成的一类新型高分子材料。这类高分子既具有常规高分子易加工、组装性能良好的特性，又拥有金属基元带来的氧化还原、催化、磁性、光学等丰富性质。

一般而言，有机金属高分子可以通过自由基聚合、超分子聚合等方式制备得到。比如研究最广泛的二茂铁基高分子就是通过二茂铁类烯烃单体的自由基聚合、阴离子聚合制备得到的，其合成示意图如图 4-9 所示。其丰富的氧化还原性质赋予了这类高分子优异的电化学特性，在电化学传感、智能电极等方面有着重要应用。英国科学家 Manners 教授课题组更是以二茂铁环蕃的可控开环聚合及其特殊的活性结晶自组装闻名于世。

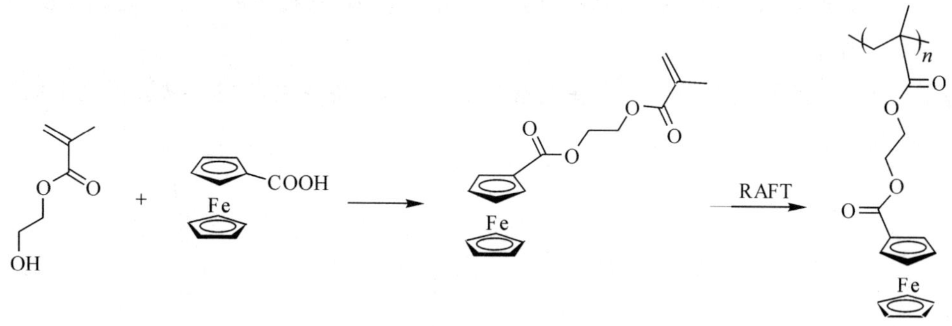

图 4-9 二茂铁基高分子合成示意图

实验要求如下：

查阅相关文献，设计一类有机金属高分子的合成路线，对所制备的有机金属高分子的电化学性质进行表征。

自由探索实验十 开环聚合制备聚乳酸

众所周知，目前的合成高分子严重依赖于煤、石油等不可再生资源。由于合成高分子不可降解等弊端带来的白色污染也日益加剧。以生物质和天然资源为原料的可持续发展生物可降解高分子材料，成为解决这类难题的一种可行途径，是各国科学家共同关注的研究和应用发展方向。聚乳酸作为目前应用和研究最为广泛的生物可降解高分子材料，是一种环境友好型的脂肪族聚酯材料，也是第一种由可再生资源制备的通用高分子材料，它具有良好的力学性能，可加工性能，优异的生物相容性和可降解性能等优势。目前聚乳酸的合成方法主要分为直接聚合法和开环聚合法（见图 4-10）。

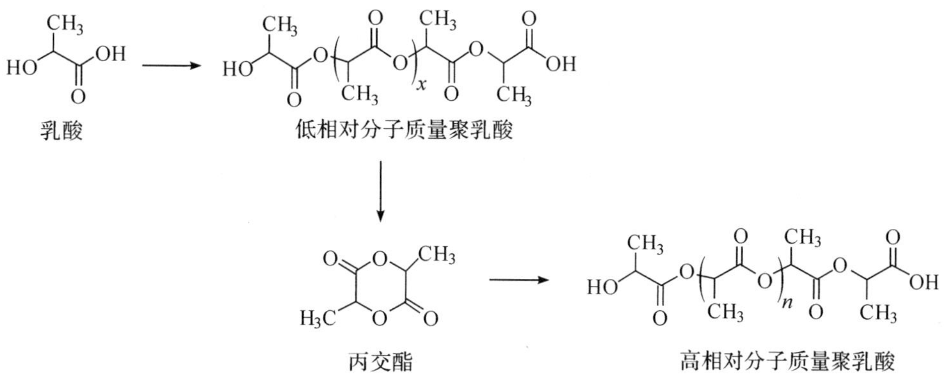

图 4-10 聚乳酸的合成路线

聚乳酸的合成分为乳酸的缩聚反应和丙交酯的开环聚合两种方法。其中乳酸的缩聚反应通过其分子链的羟基和羧基在高效脱水剂和催化剂的作用下缩合形成聚乳酸。这种方法的缺点是所制备得到的聚乳酸相对分子质量较低，力学性能差。相比之下，丙交酯在辛酸亚锡等催化剂作用下能够开环聚合制备得到高相对分子质量聚乳酸,所得产品力学性能大大提高。

实验要求如下:

写出可行的丙交酯开环聚合制备聚乳酸的步骤,对制备的聚乳酸产物进行化学结构表征和基本热性能测试。

附　录

附录一　化合物 MSDS（以苯乙烯为例）

化学品安全技术说明书
根据 GB/T16483—2008，GB/T17519—2013

---

1 化学品及公司标识

产品标识符

化学品中文(英文)名称，化学品俗名或商品名：**乙烯苯**

产品编号： A18481
纯物质或混合物的确定用途及禁用用途。
确定用途： SU24科研开发
安全技术说明书提供者详细信息
公司名称：
阿法埃莎（中国）化学有限公司
上海市化学工业区奉贤分区银工路229号
邮编201424
电话号码:+86 21-67582000
传真:+86 21-67582001
邮件地址:Msds.china@alfa-asia.com
更多信息请咨询: 产品安全部门。
紧急联系电话
紧急联系电话:+86 532 8388 9090
　　　　　　+86 10 5100 3039

---

2 危险性概述

紧急情况概述：

未确定，液体，易燃液体和蒸气。吸入有害。造成皮肤刺激。造成严重眼刺激。怀疑对生育能力或胎儿造成伤害。长期或反复接触会对造成伤害。

物质或混合物的危险性分类

 火焰

易燃液体　第3类　　　　　　　　H226 易燃液体和蒸气

 健康危害

生殖毒性　第2类　　　　　　　　　　H361 怀疑对生育能力或胎儿造成伤害
特定靶器官系统毒性（重复接触）　第1类　H372 长期或反复接触会对造成伤害

急性毒性(吸入)　第4类　　　　　　H332 吸入有害
皮肤腐蚀/刺激　第2类　　　　　　　H315 造成皮肤刺激
严重眼损伤/眼刺激　类别2A　　　　H319 造成严重眼刺激
不导致分类的其他危险 无已知信息。

标签要素
GHS标签要素 本根据化学品全球统一分类及标签制度(GHS)进行分类和标记。

CN

化学品中文(英文)名称, 化学品俗名或商品名：乙烯苯

危险性象形图

GHS02   GHS07   GHS08

信号词 危险
危险性说明
H226 易燃液体和蒸气
H332 吸入有害
H315 造成皮肤刺激
H319 造成严重眼刺激
H361 怀疑对生育能力或胎儿造成伤害
H372 长期或反复接触会对造成伤害
防范说明
预防措施
P210   规定远离热源。禁止吸烟
P260   不要吸入粉尘/烟/气体/烟雾/蒸气/喷雾
事故响应
P303+P361+P353 如皮肤(或头发)沾染:立即脱掉所有沾染的衣服。用水清洗皮肤/淋浴
P305+P351+P338 如进入眼睛:用水小心冲洗几分钟。如戴隐形眼镜并可方便地取出,取出隐形眼镜。继续冲洗
安全储存
P405   存放处须加锁
废弃处置
P501   处置内装物/容器按照地方/区域/国家/国际规章
其他危害
vPvB(高残留性、高生物浓缩性物质): 不适用

---

3 成分/组成信息

纯物质或混合物:纯物质
CAS号 名称:
100-42-5 乙烯苯
浓度: ≤100%
标识号 :
欧盟编号: 202-851-5
索引号: 601-026-00-0
杂质及稳定添加剂:
稳定剂:
4-tert-Butylcatechol (CAS# 98-29-3)

---

4 急救措施

急救措施描述
吸入后:
提供新鲜空气.如有需要,提供人工呼吸.让病人保暖.如果症状持续则询问医生。
马上寻求医生的建议。
皮肤接触后:
马上用水和肥皂彻底冲洗。
马上寻求医生的建议。
眼睛接触后: 请睁开眼睛用流水冲洗几分钟.然后咨询医生。
食入后: 寻求医务治疗。

CN

化学品中文(英文)名称, 化学品俗名或商品名： 乙烯苯

给医生的资料:
最重要的急性延迟性症状及其影响
造成皮肤刺激
造成严重眼刺激
吸入有害
怀疑对生育能力或胎儿造成伤害
长期或反复接触会对造成伤害
需要任何医疗看护和特别处理的指示说明。 无更多相关资料。

5 消防措施

灭火介质
合适的灭火剂: 使用二氧化碳(CO2)、灭火粉末或喷水器灭火.若火势很大,请使用喷水器或抗溶泡沫液。
该物质或混合物特别危险
如果本产品遇火,会释放以下物质:
一氧化碳和二氧化碳
对消防员的建议
防护装备:
佩戴自给式呼吸器。
身着全面防护服。

6 泄漏应急处理

个人的预防,防护设备和应急流程
佩戴保护装置,未受到保护的人请远离。
确保充分通风
远离起火源
环境防范措施: 切勿让产品进入排水系统及任何水源。
密封及净化方法和材料:
请用液体黏合材料(沙粒、硅藻土、酸性黏合剂、通用黏合剂、锯屑)吸收。
请根据第13条条款处理受污染的材料。
确保足够的通风。
防止发生次生危害的预防措施: 远离火源。
关于其他部分
有关安全处理的资料请参阅第7节。
有关个人保护措施的资料请参阅第8节。
有关弃置的资料请参阅第13节。

7 处理和存储

处理
安全处理防范措施
在干性的保护气体下处置。
保持容器密封。
确保工作间有良好的通风/排气装置。
防止形成气溶胶。
有关防火防爆信息:
防静电。
烟雾可与空气混合形成易爆混合物。
远离火源 - 切勿吸烟。

安全储存条件（例如不能共同存放的物质）
储存:
储存库和容器须要达到的要求: 冷藏

— CN —

化学品中文(英文)名称, 化学品俗名或商品名：乙烯苯

有关在公共存储设施储存的信息:
请远离空气存放。
请存于暗处。
防热。
请勿与酸性物质储存在一起。
请远离氧化剂储存。
Store away from halocarbons.
Store away from copper and copper alloys
更多有关储存条件的信息:
请存于干爽的惰性气体氛围中。
本产品对空气敏感。
请密封容器。
避免受光线照射。
冷藏
详细用途 无更多相关资料。

8 接触控制和个人防护

更多技术系统设计的信息: 用于危险化学品的通风橱正常工作时罩口风速应至少为100英尺/分钟。（1英尺（ft）=0.3048m）

控制参数

有临界值的需要在工作场所监控的组分:	
100-42-5 乙烯苯 (100.0%)	
OEL (CN)	PC-STEL: 100 mg/m³ PC-TWA: 50 mg/m³
PEL (TW)	PC-TWA: 213 mg/m³, 50 ppm

附加信息: 无数据

暴露控制
个人防护设备:
一般保护和卫生措施:
当处理化学品时,应遵循一般的预防措施。
远离食品、饮料和饲料。
立即除去所有被污染或浸渍的衣服。
请在休息时和工作完毕后洗手。
避免和眼睛及皮肤接触。
维持符合人体工程学的工作环境。
供氧设备: 请使用高浓度的呼吸保护装置。
建议过滤装置作为短期使用装置:
Use a respirator with multi-purpose combination (US) or type ABEK (EN 14387) as a backup to engineering controls. Risk assessment should be performed to determine if air-purifying respirators are appropriate. Only use equipment tested and approved under appropriate government standards such as NIOSH (USA) or CEN (EU).
手部防护:
每次使用前须检查保护手套是否正常。
选择合适的手套不单取决于材料,亦取决于材料的质量,且质量因不同厂家而异。
手套材料 碳氟橡胶（氟橡胶）
手套材料的渗透时间 （以分钟计） 480

手套厚度 0.7 mm
眼部防护:
面部保护:
带侧护板的安全眼镜

化学品中文(英文)名称, 化学品俗名或商品名 : 乙烯苯

身体保护: 保护性工作服。

9 理化特性

有关基本物理及化学特性的信息
一般说明
外观:
  形状: 液体
  颜色: 未确定
气味: 刺激性的
嗅觉阈值: 未确定。

pH值 (- g/l) :   neutral

根据条件更改
  熔点/熔程: -31 °C
  沸点/沸程: 145-146 °C
  升华温度/开始: 未确定

闪点: 31 °C
可燃性(固体、气体)未决定.
燃点: 490 °C
分解温度: 未确定
自燃: 未确定。

爆炸的危险: 未确定
爆炸极限:
  较低: 1.1 Vol %
  较高: 8.9 Vol %
蒸气压 在 20 °C: 7.1 hPa
密度 在 20 °C   0.906 g/cm³
相对密度   未确定
蒸气密度   未确定。
蒸发速率   未确定。
溶解性/可混合性
  水 在 20 °C: 0.32 g/l
n-辛醇/水分配系数: 未确定。
黏性:
  动态: 未确定
  运动学的: 未确定。
其他信息   无更多相关资料。

10 稳定性和反应性活

反应性 无已知信息。
化学稳定性 推荐的贮存条件下是稳定的。
热分解/需要避免的环境: 如果遵照规定使用和储存则不会分解。
有害反应可能性 和强氧化剂反应
应避免的条件 无更多相关资料。
不相容的物质:
酸
氧化物
卤烃
Copper and copper alloys
空气

化学品中文(英文)名称, 化学品俗名或商品名： 乙烯苯

热
光
危险分解产物: 一氧化碳和二氧化碳
附加信息: 避免缺少稳定器

11 毒理学信息

毒性学影响的有关信息
急性毒性
吸入有害
化学物质毒性数据库中含有该物质的急性毒性数据。

与分类相关的LD/LC50值:		
口腔	LD50	2650 mg/kg (rat)
吸入	LC50/4H	11800 mg/m3/4H (rat)

皮肤刺激或腐蚀 造成皮肤刺激
眼睛刺激或腐蚀 造成严重眼刺激
呼吸或皮肤过敏 没有已知的敏化影响。
生殖细胞突变性 化学物质毒性数据库中含有该物质的突变数据。
致癌性
IARC-2B:对人类有致癌的可能性:尚无足够的证据证明对人有致癌性,由于缺少动物试验。
NTP-R: 有理由认为其具有致癌性:人类研究的有限证据和动物测试研究的充分证据。
ACGIH A4: 不 可 归 为 对人类有致 癌性 :尚 无足 够证 据将 其归 为 对人类或者动物有致 癌性。
化学物质毒性数据库中含有该物质的致肿瘤和/或致癌和/或赘生数据。

生殖毒性
怀疑对生育能力或胎儿造成伤害
化学物质毒性数据库中含有该物质的生殖数据。

特异性靶器官系统毒性 - 反复接触 长期或反复接触会对造成伤害

特异性靶器官系统毒性 - 一次性接触 没有影响。

吸入危害 没有影响。
毒代动力学、代谢和分布信息 无数据
亚急性至慢性中毒: 化学物质毒性数据库中含有该物质的多计量毒性数据。
更多的毒理学资料: 据目前我们掌握的知识,这种物质的急性/慢性毒性未知。

12 生态学信息

毒性
水生动物毒性: 无更多相关资料。
持久性和降解性 无更多相关资料。
潜在生物累积性 无更多相关资料。
在土壤中的移动性 无更多相关资料。
更多生态学资料:
一般注解:
不要让该产品进入地下水、水体或排水系统。
水危害级别2(德国规例)(评估):对水有害。
即使是小量的产品渗入地下,也会对饮用水造成危险。
须避免进入环境。
PBT(残留性、生物浓缩性、毒性物质)及vPvB(高残留性、高生物浓缩性物质)评价结果
PBT(残留性、生物浓缩性、毒性物质): 不适用。
vPvB(高残留性、高生物浓缩性物质): 不适用。

CN

化学品中文(英文)名称,化学品俗名或商品名：乙烯苯

其他副作用 无更多相关资料。

13 废弃注意事项

废弃处置方法
建议
将该产品交给专业危险废物处理者。
必须遵照政府的规例来特别处理。
请参考州、地方和国家有关法规进行正确处理。
未清洁的包装:
建议: 必须根据官方规章处理。

14 运输信息

UN号 ADR, IMDG, IATA	UN2055
UN正确运输名 ADR IMDG, IATA	2055 单体苯乙烯, 稳定化的 STYRENE MONOMER, STABILIZED
运输危险等级 ADR 级别 标签 IMDG, IATA 级 标签	 3 (F1) 易燃液体 3 3 易燃液体 3
包装组别 ADR, IMDG, IATA	III
危害环境:	不适用。
用户的特殊预防措施 EMS 号码: Stowage Category	警告: 易燃液体 F-E,S-D A
请根据MARPOL73/78(针对船舶海洋污染的预防协约)附件 书II及IBCCode(国际装船货物编码)进行大宗运输	不适用。
运输/附加信息:	
ADR 例外数量(EQ):	E1

化学品中文(英文)名称, 化学品俗名或商品名：乙烯苯	
限制数量(LQ) Excepted quantities (EQ)	5L Code: E1 Maximum net quantity per inner packaging: 30 ml Maximum net quantity per outer packaging: 1000 ml
运输种类 隧道行车限制	3 D/E
IMDG Limited quantities (LQ) Excepted quantities (EQ)	5L Code: E1 Maximum net quantity per inner packaging: 30 ml Maximum net quantity per outer packaging: 1000 ml
UN"标准规定"：	UN 2055 单体苯乙烯, 稳定化的, 3, III

15 法规信息

相应纯物质或混合物的安全、健康及环境法规/法律
新化学物质环境管理办法
中国现有化学物质名录 有列出物质.
澳大利亚化学品库房 有列出物质.
药物或有毒品的标准统一 S5
GHS标签要素 本根据化学品全球 统一分类及标签制度(GHS)进行分类和标记。
图示

GHS02   GHS07   GHS08

信号词 危险
危险声明
H226 易燃液体和蒸气
H332 吸入有害
H315 造成皮肤刺激
H319 造成严重眼刺激
H361 怀疑对生育能力或胎儿造成伤害
H372 长期或反复接触会对造成伤害
预防声明
预防措施
P210   规定远离热源。禁止吸烟
P260   不要吸入粉尘/烟/气体/烟雾/蒸气/喷雾
事故响应
P303+P361+P353 如皮肤(或头发)沾染:立即脱掉所有沾染的衣服。用水清洗皮肤/淋浴
P305+P351+P338 如进入眼睛:用水小心冲洗几分钟。如戴隐形眼镜并可方便地取出,取出隐形眼镜。继续冲洗
安全储存
P405   存放处须加锁
废弃处置
P501   处置内装物/容器按照地方/区域/国家/国际规章
国家规章
有关使用限制的资料:
必须遵守有关少年人的雇佣限制.
仅限合格的技术人员使用。
基于VbF分类: A II

CN

化学品中文(英文)名称,化学品俗名或商品名：乙烯苯

技术说明（空运）：

分类比	%
NK	100.0

水危害级别: 水危险级别2(评估):对水有害。
其余条例,限制和禁止法规
通过REACH, Article 57,高度关注物质 未列出的物质。
化学品安全评价: 尚未进行化学品安全评价。

16 其他信息

雇主应将此信息作为他们所获其他信息的补充,并独立判断此信息的适用性,以保证正确使用及雇员的健康和安全。该信息未做完全保证,未按材料安全数据表使用产品或与其他产品和操作过程同时使用时,后果由用户自己负责。

部发出安全数据表: 环球市场部
缩写:
ADR: Accord européen sur le transport des marchandises dangereuses par Route (关于国际公路运输危险货物的欧洲协定)
IMDG:危险货物国际海运守则
DOT:美国运输部
IATA: 国际航空运输协会
EINECS: 欧洲现有商业化学物质名录
CAS:化学文摘社（美国化学会分支机构）
VbF: Verordnung über brennbare Flüssigkeiten, Österreich(易燃液体存储法规,奥地利)
LC50: 致死浓度,50%
致死剂量,50%
PBT: 持久性生物累积性有毒物质
SVHC: Substances of Very High Concern
vPvB: very Persistent and very Bioaccumulative
ACGIH: American Conference of Governmental Industrial Hygienists (USA)
OSHA:职业安全与健康管理局（美国）
NTP: National Toxicology Program (USA)
IARC: International Agency for Research on Cancer
EPA: Environmental Protection Agency (USA)
易燃液体　第3类: Flammable liquids – Category 3
急性毒性(吸入)　第4类: Acute toxicity – Category 4
皮肤腐蚀/刺激　第2类: Skin corrosion/irritation – Category 2
严重眼损伤/眼刺激　类别2A: Serious eye damage/eye irritation – Category 2A
生殖毒性　第2类: Reproductive toxicity – Category 2
特定靶器官系统毒性（重复接触）　第1类: Specific target organ toxicity (repeated exposure) – Category 1

CN

附录二　常见单体的物理常数

单　体	相对分子质量	密度(20℃) g/mL	熔点/℃	沸点/℃	折光指数(20℃)
乙烯	28.05	0.384 (−10 ℃)	−169.2	−103.7	1.363 (−100 ℃)
丙烯	42.07	0.519 3 (−20 ℃)	−185.4	−47.8	1.356 7 (−70 ℃)
异丁烯	56.11	0.595 1	−185.4	−6.3	1.396 2 (−20 ℃)
丁二烯	54.09	0.621 1	−108.9	−4.4	1.363 (−25 ℃)
异戊二烯	68.12	0.671 0	−146	34	1.422 0
氯乙烯	62.50	0.991 8 (−15 ℃)	−153.8	−13.4	1.380
乙酸乙烯酯	86.09	0.931 7	−93.2	72.5	1.395 9
丙烯酸甲酯	86.09	0.953 5	<−70	80	1.398 4
丙烯酸乙酯	100.11	0.92	−71	99	1.403 4

续 表

单体	相对分子质量	密度(20℃)g/mL	熔点/℃	沸点/℃	折光指数(20℃)
丙烯酸正丁酯	128.17	0.898	—	145	1.418 5
甲基丙烯酸甲酯	100.12	0.944 0	−48	100.5	1.414 2
甲基丙烯酸正丁酯	142.20	0.894	—	160~163	1.423
丙烯酸羟乙酯	116.12	1.10	—	92 (1.6 kPa)	1.450 0
甲基丙烯酸羟乙酯	130.14	1.196	—	135~137 (9.33 kPa)	—
甲基丙烯酸乙二醇酯	198.2	1.05	—	—	—
丙烯腈	53.06	0.808 6	−83.8	77.3	1.391 1
丙烯酰胺	71.08	1.122 (30℃)	84.8	125 (3.33 kPa)	—
苯乙烯	104.15	0.90	−30.6	145	1.546 8
2-乙烯基吡啶	105.14	0.975	—	48~50 (1.46 kPa)	1.549
4-乙烯基吡啶	105.14	0.976	—	62~65 (3.3 kPa)	1.550
顺丁烯二酸酐	98.06	1.48	52.8	200	—
乙烯基吡咯烷酮	113.16	1.25	—	—	1.53
环氧丙烷	58	0.830		34	—
环氧氯丙烷	92.53	1.181	−57.2	116.2	1.437 5
四氢呋喃	72.11	0.881 8	—	66	1.407 0
己内酰胺	113.16	1.02	70	139 (1.67 kPa)	1.478 4
己二酸	146.14	1.366	153	265 (13.3 kPa)	—
癸二酸	202.3	1.270 5	134.5	185~195 (4 kPa)	—
邻苯二甲酸酯	148.12	1.527 (4℃)	130.8	284.5	—

续　表

单体	相对分子质量	密度(20℃) g/mL	熔点/℃	沸点/℃	折光指数(20℃)
己二胺	116.2	—	39～40	100 (2.67 kPa)	—
癸二胺	144.2	—	—	—	—
乙二醇	62.07	1.1088	−12.3	197.2	1.431 8
双酚 A	228.20	1.195	153.5	250 (1.73 kPa)	—
甲苯二异氰酸酯	174.16	1.22	20～21	251	—

附录三　常见单体的竞聚率相关参数列表

单　体	e 值	Q 值
苯乙烯标准单体	−0.8	1
异丁基乙烯基醚	−1.77	0.023
特丁基乙烯基醚	−1.58	0.15
p-二甲氨基苯乙烯	−1.37	1.51
α-甲基苯乙烯	−1.27	0.98
异戊二烯	−1.22	3.33
正丁基乙烯基醚	−1.2	0.087
甲基丙烯酸钠	−1.18	1.36
乙基乙烯基醚	−1.17	0.032
N-乙烯基吡咯烷酮	−1.14	0.14
醋酸烯丙酯	−1.13	0.028
醋酸 2-氯烯丙酯	−1.12	0.53
p-甲氧基苯乙烯	−1.11	1.36
1,3-丁二烯	−1.05	2.39
茚	−1.03	0.36

续 表

单　体	e 值	Q 值
醋酸乙烯酯	−0.22	0.026
p-甲基苯乙烯	−0.98	1.27
异丁烯	−0.96	0.033
氟乙烯	−0.82	0.025
苯乙烯参考标准	−0.82	0.025
丙烯	−0.78	0.002
异氰酸乙烯酯	−0.7	0.16
乙烯撑碳酸	−0.65	0.007
p-碘乙烯	−0.4	1.17
m-氯苯乙烯	−0.36	1.03
p-氯苯乙烯	−0.33	1.03
4-乙烯基批啶	−0.28	1
p-苯乙烯磺酸	−0.26	1.04
p-氰基苯乙烯	−0.21	1.86
乙烯	−0.2	0.015
丙烯酸钠	−0.12	0.71
乙烯磺酸	−0.02	0.093
烯丙基氯	0.11	0.056
氯乙烯	0.2	0.044
丙烯酸乙酯	0.22	0.52
甲基丙烯酸正己酯	0.34	0.67
烯丙醇	0.36	0.048
偏氯乙烯	0.36	0.22
p-硝基苯乙烯	0.39	1.63
甲基丙烯酸正壬酯	0.39	0.82
甲基丙烯酸甲酯	0.4	0.74
肉桂酸甲酯	0.48	0.14
衣康酸	0.5	0.76

续 表

单　体	e 值	Q 值
醋酸乙烯酯	−0.22	0.026
甲基丙烯酸乙酯	0.52	0.73
甲基丙烯酸缩水甘油酯	0.57	1.03
丙烯酸甲酯	0.6	0.42
N-羟甲基丙烯酰胺	0.63	0.39
甲基丙烯酸	0.65	2.34
甲基乙烯酮	0.68	0.69
丙烯醛	0.73	0.85
α-氯代丙烯酸甲酯	0.77	2.02
甲基丙烯腈	0.81	1.12
衣康酸酐	0.88	2.5
丙烯酸缩水甘油酯	0.96	0.55
甲基丙烯酸三氟乙酯	0.98	1.13
丙烯酰氯	1.02	1.78
丙烯酸丁酯	1.06	0.5
丙烯酸正辛酯	1.07	0.35
丙烯酸正癸酯	1.12	0.42
丙烯酰胺	1.19	1.12
丙烯腈	1.2	0.6
甲基丙烯酰胺	1.24	1.46
反丁烯二酸二乙酯	1.25	0.61
顺丁烯二酸二甲酯	1.27	0.09
甲基乙烯基砜	1.29	0.11
顺丁烯二酸二乙酯	1.49	0.059
反丁烯二酸二甲酯	1.49	0.76

续 表

单 体	e 值	Q 值
醋酸乙烯酯	−0.22	0.026
N−丁基顺丁烯二酰亚胺	1.75	3.08
顺丁烯二酸酐	2.25	0.23
偏氟乙烯	2.58	20.31

注：设 P_1 和 P_2 分别代表单体自由基 $M_1 \cdot$ 和 $M_2 \cdot$ 的共轭因子（表示共轭效应的大小），Q_1 和 Q_2 分别代表单体 M_1 和 M_2 的共轭因子，e_1 和 e_2 分别代表 M_1 及其相应自由基和 M_2 及其相应自由基的极性因子（表示极性效应的大小），可以得到以下 $Q\text{-}e$ 方程及竞聚率 r_1 和 r_2：

$$k_{12} = P_1 Q_2 \exp(-e_1 e_2); \quad k_{21} = P_2 Q_1 \exp(-e_1 e_2)$$
$$k_{11} = P_1 Q_1 \exp(-e_1 e_1); \quad k_{22} = P_2 Q_2 \exp(-e_2 e_2)$$
$$r_1 = k_{11}/k_{12} = Q_1/Q_2 \exp[-e_1(e_1 - e_2)]$$
$$r_2 = k_{22}/k_{21} = Q_2/Q_1 \exp[-e_2(e_2 - e_1)]$$

附录四　常见引发剂的重要数据列表

名 称	缩 写	相对分子质量	外 观	熔点/℃	在特定温度(℃)下的半衰期	分解温度/℃	溶解性	稳定性及毒性
过氧化苯甲酰	BPO	242.22	白色结晶粉末	103～106（分解）	2.4 h/85 4.3 h/80 8.4 h/75	73 (0.2 M 苯)	溶于乙醚、丙酮、氯仿、苯等	干品极不稳定，摩擦、撞击，遇热或还原剂即引起爆炸，易燃、无毒
二叔丁基过氧化物	DTBP	146.22	无色至微黄色透明液体	−40（凝固点）	1.6 h/140 4.9 h/130 8.7 h/125	126 (0.2 M 苯)	溶于丙酮、甲苯等	室温下稳定，对撞击不敏感、对钢、铝无腐蚀作用，无明显毒性
异丙苯过氧化氢	CHP	270.38	无色菱形结晶	39～41	1 min/170 5.7 h/120 9.8 h/115 117 h/117 100 h/101	115 (0.2 M 苯)	溶于苯、异丙苯、乙醚等	室温下稳定，为强氧化剂，毒性低
过氧化月桂酰	LPO	398.61	白色粒状固体	53	1 min/114	62 (0.2 M 苯)	溶于乙醚、丙酮、氯仿等	室温下稳定，无毒

续表

名　称	缩写	相对分子质量	外　观	熔点/℃	在特定温度(℃)下的半衰期	分解温度/℃	溶解性	稳定性及毒性
叔丁基过氧化苯甲酸酯	TPB	194.22	无色至微黄色透明液体	8.5（凝固点）	1.8 h/120 2.8 h/115 5.1 h/110 8.9 h/105	1.04－1.05（0.2 M苯）	溶于乙醇、乙醚、丙酮、醋酸乙酯等	室温下稳定、对撞击不敏感，对钢、铝无腐蚀作用，毒性低
过氧化二碳酸（双-2-苯氧乙基酯）	BPPD	362.1	无色或微黄色结晶粉末	97～100	7 h/50 1.5 h/70	92～93	溶于二氯甲烷、氯仿等	对撞击和摩擦均不敏感，无爆炸无危险，低毒，会刺激眼睛和皮肤
过氧化二碳酸二（2-乙基己酯）	EHP	346.5	无色透明液体	<50（凝固点）	0.33 h/40 1.5 h/50	—	溶于甲苯、二甲苯、矿物油	40%溶液200℃/3min不爆炸
过氧化二碳酸二异丙酯	IPP	206.18	无色液体	8～10	0.1 h/82 1.0 h/64 10 h/ 48	45	溶于脂肪烃、芳香烃、酯、醚和卤代烃	对温度、撞击、酸碱化学品敏感，极易分解引起爆炸，低毒
过氧化二碳酸二环己酯	DCPD	286.3	白色固体粉末	44－46	75h/30 4.2h/50 0.27h/70	42～44	易溶于芳烃、卤代烃、酯和酮	对撞击和摩擦均不敏感，但与稳定剂、催化剂和干燥剂、铁和钢等金属氧化物接触时能加速分解，低毒，对眼睛和皮肤会引起烧伤
过氧化甲乙酮	MEKP	210.2	无色透明油状液体	110	0.2 h/150 6 h/120 10 h/105	130	溶于苯、醚和酯	室温下稳定，高于100 ℃即发生爆炸
过氧化环己酮	—	246.31	白色或微黄色粉末	76～78	1 min/174	174	溶于乙醇、丙酮、苯	—

续 表

名称	缩写	相对分子质量	外观	熔点/℃	在特定温度(℃)下的半衰期	分解温度/℃	溶解性	稳定性及毒性
过硫酸铵	APS	228.19	白色结晶	124	pH>4 38.5 h/60 2.1 h/80 pH=3 25 h/60 1.62 h/80	120	溶于水	与某些有机物或还原物相混合会引起爆炸,在室温下具有良好的稳定性
过硫酸钾	KPS	270.32	白色结晶粉末	<100	温度高受pH值影响小,在乳化剂和硫醇存在时会加速分解	100℃完全分解	水	与某些有机物或还原物相混合会引起爆炸,无毒
偶氮二异丁腈	AIBN	64.2	白色结晶粉末	102～104	—	64	溶于甲醇、乙醇、乙醚、丙酮、石油醚等	100℃急剧分解引起爆炸着火,易燃、有毒
偶氮二异戊腈	ABVN	248.36	白色菱形片状结晶	顺式 55.5～57 反式 74～76	—	52℃,在30℃/15天分解失效	溶于醇、醚、二甲基甲酰胺	易燃、易爆、有毒

注:表中第6列"/"后数字为温度,单位为℃。

附录五　常见聚合物中英文名称一览表

聚合物名称	英文全名	缩写(或代号)	制备方法
聚乙二醇	Polyethylene glycol	PEG	逐步聚合
聚乳酸	Polylactic acid	PLA	逐步聚合
聚对苯二甲酸乙二醇酯,俗称涤纶聚酯	Polyethylene terephthalate	PET	逐步聚合,熔融缩聚,固相缩聚
聚碳酸酯	Polycarbonate	PC	逐步聚合,熔融缩聚,界面缩聚

续　表

聚合物名称	英文全名	缩写（或代号）	制备方法
聚酰胺	Polyamide	PA	逐步聚合，离子聚合，水解聚合，熔融缩聚
聚酰亚胺	Polyimide	PI	熔融缩聚，逐步聚合
聚氨基甲酸酯，俗称聚氨酯	Polyurethane	PU	逐步聚合
聚脲	polyurea	SPUA	逐步聚合
聚（2,6-二甲基亚苯醚），俗称聚苯醚	Poly(2,6-dimethylphenylene oxide)	PPO	逐步聚合，沉淀聚合，溶液聚合
聚砜	Polysulfone	PSF	逐步聚合
聚苯硫醚	Polyphenylenesulfide	PPS	逐步聚合，溶液聚合
聚硫橡胶	Polysulfide rubber	PR	逐步聚合
苯酚-甲醛聚合物，俗称酚醛树脂	Phenol-formaldehyde polymer（resin）	PF	逐步聚合，溶液聚合，悬浮聚合，乳液聚合
脲醛树脂	Urea-formaldehyde polymer（resins）	UF	逐步聚合
三聚氰胺-甲醛树脂	Melamine-formaldehyde polymer（resin）	MF	逐步聚合
聚苯乙烯	Polystyrene	PS	自由基聚合，离子聚合，悬浮液聚合，本体聚合
聚甲基丙烯酸甲酯，俗称有机玻璃	Polymethyl methacrylate	PMMA	自由基聚合，本体聚合，悬浮聚合
聚氯乙烯	Polyvinyl chloride	PVC	自由基聚合，本体聚合，悬浮聚合，乳液聚合
低密度聚乙烯	Low density polyethylene	LDPE	自由基聚合，本体聚合
聚丙烯腈	Polyacrylonitrile	PAN	自由基聚合，溶液聚合
聚醋酸乙烯酯	Polyvinyl acetate	PAVc	自由基聚合，溶液聚合
聚乙烯醇	Polyvinyl alcohol	PVA	自由基聚合，悬浮聚合，聚醋酸乙烯酯水解
丁苯橡胶	Styrene-butadiene rubber	SBR	离子聚合，乳液聚合，溶液聚合
（丙烯腈-丁二烯-苯乙烯）共聚物	Acrylonitrile-butadiene-styrene copolymer	ABS	乳液聚合，本体-悬浮聚合

续表

聚合物名称	英文全名	缩写(或代号)	制备方法
(丙烯腈-甲基丙烯酸甲酯)共聚物	Acrylonitrile-methylmeth acrylate copolymer	A/MMA	自由基聚合
(丙烯腈-苯乙烯)共聚物	Acrylonitrile-styrene copolymer	AS(SAN)	悬浮聚合
(丙烯腈-苯乙烯-丙烯酸酯)共聚物	Acrylonitrile-styrene-acrylate copolymer	ASA	自由基聚合
丁二烯橡胶	Butadiene Rubber	BR	配位聚合
乙酸纤维素,纤维素乙酸酯	Cellulose acetate	CA	酯化
纤维素乙酸丁酸酯	Cellulose acetate butyrate	CAB	酯化
纤维素乙酸丙酸酯	Cellulose acetate propionate	CAP	酯化
羧甲基纤维素	Carboxy methyl cellulose	CMC	碱化反应后醚化反应
硝化纤维素	Cellulose nitrate	CN	酯化
纤维素丙酸酯	Cellulose propionate	CP	酯化
氯丁橡胶	Chloroprene rubber	CR	乳液聚合
(乙烯-丙烯酸)共聚物	Ethylene-acrylic acid copolymer	EAA	自由基聚合
纤维素乙基醚,乙基纤维素	Ethylcellulose	EC	碱化反应后醚化反应
(乙烯-丙烯酸乙酯)共聚物	Ethylene-ethyl acrylate copolymer	EEA	自由基聚合
(乙烯-丙烯)共聚物	Ethylene-propylene copolymer	E/P	配位聚合
二元乙丙橡胶	Ethylene-propylene rubber	EPM(EPR)	配位聚合;溶液聚合,悬浮法
三元乙丙橡胶	Ethylene-propylene-diene monomer rubber or ethylene-propylene	EPDM (EPTR)	配位聚合;溶液聚合,悬浮法
(乙烯-乙酸乙烯酯)共聚物	Ethylene-vinyl acetate copolymer	EVA	自由基聚合
(四氟乙烯-六氟丙烯)共聚物	Perfluoro(ethylene-propene), Tetrafluoroethylene-hexafluoropropylene copolymer	FEP	自由基聚合

续　表

聚合物名称	英文全名	缩写(或代号)	制备方法
高密度聚乙烯	High density polyethylene	HDPE	本体聚合,溶液聚合,气相聚合,配位聚合
(异丁烯-异戊二烯)共聚物俗称丁基橡胶	Butyl rubber, poly(isobutylene-co-isoprene)	IIR	阳离子聚合
异戊二烯橡胶	Isoprene rubber	IR	溶液聚合
线性低密度聚乙烯	Linear low density polyethylene	LLDPE	配位聚合,溶液聚合
(三聚氰胺-苯酚-甲醛)共聚物	Melamine-phenol-formaldehyde copolymer	MPF	缩聚,逐步聚合
丁腈橡胶	Nitrile rubber, butadiene-acrylonitrile copolymer rubber	NBR	自由基乳液聚合
天然橡胶	Natural rubber	NR	天然高分子化合物
聚(1-丁烯)	Poly(1-butene)	PB	淤浆聚合,气相聚合
聚丙烯酸丁酯	Poly(butyl acrylate)	PBA	自由基聚合
聚对苯二甲酸丁二酯	Polybutylene terephthalate	PBT	熔融聚合
聚乙烯	Polyethylene	PE	配位聚合,高温高压自由基聚合
聚醚醚酮	polyetheretherketone	PEEK	缩聚,逐步聚合
聚醚酮	polyetherketone	PEK	缩聚,逐步聚合
聚甲醛	Polyoxymethylene, Polyformaldehyde	POM	本体聚合,溶液聚合,气相聚合,固相聚合
聚丙烯	Polypropylene	PP	配位聚合,自由基聚合
聚四氟乙烯	Polytetrafluoroethylene	PTFE	悬浮聚合,乳液聚合
聚乙烯醇锁丁醛	Polyvinyl butyral	PVB	本体聚合,缩醛化
聚(1,1-二氯乙烯)	Polyvinylidine dichloride	PVDC	悬浮聚合,沉淀聚合
聚(1,1-二氟乙烯)	Polyvinylidine difluoride	PVDF	乳液聚合,悬浮聚合
聚乙烯醇缩甲醛	Polyvinyl formal	PVFM	自由基溶液聚合
聚 N-乙烯基咔唑	Poly(N-Vinylcarbazole)	PVK	自由基聚合,离子型聚合
聚 N-乙烯基吡咯烷酮	Poly(N-Vinylcarbazole)	PVP	溶液聚合,本体聚合

续 表

聚合物名称	英文全名	缩写(或代号)	制备方法
(苯乙烯-丁二烯)共聚物	Styrene-butadiene copolymer	SBS	阴离子溶液聚合
(聚)硅氧烷	Silicone	SI	阳离子开环聚合
[苯乙烯-(α-甲基苯乙烯)]共聚物	Styrene-(α-methylstyrene) copolymer	S/MS	自由基聚合
不饱和聚酯	Unsaturated polyester	UP	熔融缩聚
超高相对分子质量聚乙烯	Ultra-high molecular weight polyethylene	UHMWPE	低压聚合
超低密度聚乙烯	Ultra low density polyethylene	ULDPE	高压、低压聚合
(氯乙烯-乙烯)共聚物	Vinyl chloride-ethylene copolymer	VC/E	自由基聚合
(氯乙烯-乙烯-丙烯酸甲酯)共聚物	Vinyl chloride-ethylene-methyl acryltate copolymer	VC/E/MA	自由基聚合
(氯乙烯-乙烯-乙酸乙烯酯)共聚物	Vinyl chloride-ethylene-vinyl acetate copolymer	VC/E/VAC	自由基聚合
(氯乙烯-丙烯酸甲酯)共聚物	Vinyl chloride-methyl acrylate copolymer	VC/MA	悬浮聚合,熔融聚合
(氯乙烯-甲基丙烯酸甲酯)共聚物	Vinyl chloride-methyl methacrylate copolymer	VC/MMA	自由基聚合
(氯乙烯-乙酸乙烯酯)共聚物	Vinyl chloride-vinyl acetate copolymer	VC/VAC	溶液聚合,悬浮聚合,乳液聚合
(氯乙烯-1,1-二氯乙烯)共聚物	Vinyl chloride-vinylidene chloride copolymer	VC/VDC	自由基聚合

附录六　常见聚合物的物理常数

聚合物	$M_0/(\text{g} \cdot \text{mol}^{-1})$	$\rho_A/(\text{g} \cdot \text{cm}^{-3})$	$\rho_c/(\text{g} \cdot \text{cm}^{-3})$	T_g/K	T_m/K
聚乙烯	28.1	0.85	1.00	195(150/253)	368/414
聚丙烯	42.1	0.85	0.95	238/299	385/481
聚异丁烯	56.1	0.84	0.94	198/243	275/317
聚1-丁烯	56.1	0.86	0.95	228/249	397/415

续　表

聚合物	$M_0/(g \cdot mol^{-1})$	$\rho_A/(g \cdot cm^{-3})$	$\rho_c/(g \cdot cm^{-3})$	T_g/K	T_m/K
聚 1,3-丁二烯（全同）	54.1	—	0.96	208	398
聚 1,3-丁二烯（间同）	54.1	＜0.92	0.963	—	428
聚 α-甲基苯乙烯	118.2	1.065	—	443/465	—
聚苯乙烯	104.1	1.05	1.13	253/373	498/523
聚 4-氯代苯乙烯	138.6	—	—	383/339	
聚氯乙烯	62.5	1.385	1.52	248/356	485/583
聚溴乙烯	107.0	—	—	373	—
聚偏二氟乙烯	64.0	1.74	2.00	233/286	410/511
聚偏二氯乙烯	97.0	1.66	1.95	255/288	463/483
聚四氟乙烯	100.0	2.00	2.35	160/400	292/672
聚三氟氯乙烯	116.5	1.92	2.19	318/273	483/533
聚乙烯醇	44.1	1.26	1.35	343/372	505/538
聚乙烯基甲基醚	58.1	＜1.03	1.175	242/260	417/423
聚乙烯基乙基醚	72.1	0.94	70.79	231/254	359
聚乙烯基丙基醚	86.1	＜0.94	—	—	349
聚乙烯基异丙基醚	86.1	0.924	＜0.93	270	464
聚乙烯基丁基醚	100.2	＜0.927	0.944	220	237
聚乙烯基异丁基醚	100.2	0.93	0.94	246/255	433
聚乙烯基异丁基醚	100.2	0.92	0.956	253	443
聚乙烯基叔丁基醚	100.2	—	0.978	361	533
聚乙酸乙烯酯	86.1	1.19	＞1.194	301	—
聚丙烯乙烯酯	100.1	1.02	—	283	—
聚 2-乙烯基吡啶	105.1	1.25	—	377	483

续 表

聚合物	$M_0/(\text{g} \cdot \text{mol}^{-1})$	$\rho_A/(\text{g} \cdot \text{cm}^{-3})$	$\rho_c/(\text{g} \cdot \text{cm}^{-3})$	T_g/K	T_m/K
聚乙烯基吡啶烷酮	111.1	—	—	418/448	—
聚丙烯酸	72.1	—	—	379	—
聚丙烯酸甲酯	86.1	1.22	—	281	—
聚丙烯酸乙酯	100.1	1.12	—	251	—
聚丙烯酸丙酯	114.1	<1.08	>1.18	229	188/435
聚丙烯酸异丙酯	114.1	—	1.08/1.18	262/284	389/453
聚丙烯酸丁酯	128.2	1.00/1.09	—	221	320
聚丙烯酸异丁酯	128.2	<1.05	1.24	249/256	354
聚甲基丙烯酸甲酯	100.1	1.17	1.23	266/399	433/373
聚甲基丙烯酸乙酯	114.1	1.119	—	285/338	—
聚甲基丙烯酸丙酯	128.2	1.08	—	308/316	—
聚甲基丙烯酸丁酯	142.2	1.05	—	249/300	—
聚甲基丙烯酸 2-乙基丁酯	170.2	1.040	—	284	—
聚甲基丙烯酸苯酯	162.2	1.21	—	378/393	—
聚甲基丙烯酸苯甲酯	176.2	1.179	—	327	20.3
聚丙烯腈	53.1	1.184	1.27/1.54	353/378	591
聚甲基丙烯腈	67.1	1.10	1.34	393	523
聚丙烯酰胺	71.1	1.302	—	438	—
聚 1,3-丁二烯（顺式）	54.1	—	1.01	171	277
聚 1,3-丁二烯（反式）	54.1	—	1.02	255/263	421
聚 1,3-丁二烯（混合）	54.1	0.892	—	188/215	—
聚 1,3-戊二烯	68.1	0.89	0.98	213	368
聚 2-甲基 1,3-丁二烯（顺式）	68.1	0.908	1.00	203	287/309

续表

聚合物	$M_0/(\text{g} \cdot \text{mol}^{-1})$	$\rho_A/(\text{g} \cdot \text{cm}^{-3})$	$\rho_c/(\text{g} \cdot \text{cm}^{-3})$	T_g/K	T_m/K
聚 2-甲基 1,3-丁二烯（反式）	68.1	0.094	1.05	205/220	347
聚 2-甲基 1,3-丁二烯（混合）	68.1	—	—	225	—
聚 2-叔丁基 1,3-丁二烯（顺式）	110.2	<0.88	0.906	298	379
聚 2-氯代 1,3-丁二烯（反式）	88.5	—	1.09/1.66	225	353/388
聚 2-氯代 1,3-丁二烯（混合）	88.5	1.243	1.356	228	316
聚甲醛	30.0	1.25	1.54	190/243	333/471
聚环氧乙烷	44.1	1.125	1.33	206/246	335/345
聚正丁醚	72.1	0.98	1.18	185/194	308/453
聚乙二醇缩甲醛	74.1	—	1.325	209	328/347
聚 1,4-丁二烯缩甲醛	102.1	—	1.414	189	296
聚氧化丙烯	58.1	1.00	1.14	200/212	333/348
聚氧化 3-氯丙烯	92.5	1.37	1.10/1.21	—	390/408
聚 2,6-二甲基对苯醚	120.1	1.07	1.461	453/515	534/548
聚 2,6-二苯基对苯醚	244.3	<1.15	71.12	221/236	730/770
聚硫化丙烯	74.1	<1.10	1.234	—	313/326
聚苯硫醚	108.2	<1.34	1.44	358/423	527/563
聚羟基乙酸	58.0	1.60	1.70	311/368	496/533
聚丁二酸乙二酯	144.1	1.175	1.358	272	379
聚己二酸乙二酯	172.2	<1.183/1.221	<125/1.45	203/233	320/338
聚间苯二甲酸乙二酯	192.2	1.34	>1.38	324	410/513
聚对苯二甲酸乙二酯	192.2	1.335	1.46/1.52	342/350	538/577
聚 4-氨基丁酸（尼龙 4）	85.1	<1.25	1.34/1.37	—	523/538

续 表

聚合物	$M_0/(\text{g} \cdot \text{mol}^{-1})$	$\rho_A/(\text{g} \cdot \text{cm}^{-3})$	$\rho_c/(\text{g} \cdot \text{cm}^{-3})$	T_g/K	T_m/K
聚 6 -氨基己酸（尼龙 6）	113.2	1.084	1.23	323/348	487/506
聚 7 -氨基庚酸（尼龙 7）	127.2	<1.095	1.21	325/335	490/506
聚 8 -氨基辛酸（尼龙 8）	141.2	1.04	1.04/1.18	324	458/482
聚 9 -氨基壬酸（尼龙 9）	155.2	<1.052	>1.066	324	467/482
聚 10 -氨基癸酸（尼龙 10）	169.3	<1.032	1.019	316	450/465
聚 11 -氨基十一酸（尼龙 11）	183.3	1.01	1.12/1.23	319	455/493
聚 12 -氨基十一酸（尼龙 12）	197.3	0.99	1.106	310	452
聚己二酰己二胺（尼龙 66）	226.3	1.07	1.24	318/330	523/455
聚庚二酰庚二胺（尼龙 77）	254.4	<1.06	1.108	—	469/487
聚辛二酰辛二胺（尼龙 88）	282.4	<1.09	—		478/498
聚壬二酰壬二胺（尼龙 610）	282.4	1.04	1.19	303/323	488/506
聚壬二酰壬二胺（尼龙 99）	310.5	<1.043	—	—	450
聚壬二酰癸二胺（尼龙 109）	324.5	<1.044	—	—	487
聚癸二酰癸二胺（尼龙 1010）	338.5	<1.032	>1.063	319/333	469/489
聚对苯二甲酰对苯二胺	238.2	—	1.54	580/620	—

注：ρ_A 为非晶区密度；ρ_c 为晶区密度；T_g 为玻璃化转变温度；T_m 为熔点。

附录七 常见聚合物分级用的溶剂和沉淀剂

聚合物	溶剂	沉淀剂	聚合物	溶剂	沉淀剂
聚甲基丙烯酸甲酯	丙酮	水	聚苯乙烯	三氯甲烷	甲醇
	丙酮	己烷		甲苯	甲醇
	苯	甲醇		苯	乙醇
	氯仿	石油醚		甲苯	石油醚
聚乙酸乙烯酯	丙酮	水	聚丙烯腈	二甲基甲酰胺	庚烷
聚乙酸乙烯酯	苯	异丙醇	聚氯乙烯	环己酮	正丁醇
聚己内酰胺	甲酚	环戊烷		环己酮	甲醇
	甲酚＋水	汽油		四氢呋喃	丙醇
乙基纤维素	乙酸甲酯	丙酮-水 （1:3）	聚氯乙烯	硝基苯	甲醇
醋酸纤维素	苯-甲醇	庚烷		环己烷	丙酮
	丙酮	水	聚乙烯醇	四氢呋喃	甲醇
聚苯乙烯	丙酮	乙醇		水	丙醇
	丁酮	甲醇		水	正丙醇
	丁酮	丁醇＋2％水	丁基橡胶	乙醇	苯
	苯	甲醇		苯	甲醇

附录八 常见聚合物的特性黏度—相对分子质量

关系图（$[\eta]=KM\alpha$）的常数

聚合物	溶 剂	温度/℃	$\dfrac{K}{10^3 \text{ mL/g}}$	α	是否分级	测定方法	相对分子质量 M 范围/10^4
聚乙烯(低压)	十氢萘	135	67.7	0.67	否	LS	3～100
聚乙烯(高压)	十氢萘	70	38.7	0.738	是	OS	0.26～3.5
		135	46.0	0.73	是	LS	2.5～6.4
聚丙烯(无规立构)	十氢萘	135	15.8	0.77	是	OS	2.0～40
聚丙烯(等规立构)	十氢萘	135	11.0	0.80	是	LS	2～62
聚丙烯(间规立构)	庚烷	135	10.0	0.80	是	LS	10～100

续 表

聚合物	溶 剂	温度/℃	$\dfrac{K}{10^3 \text{ mL/g}}$	α	是否分级	测定方法	相对分子质量 M 范围/10^4
聚氯乙烯	环己酮	25	204.0	0.56	是	OS	9～45
	四氢呋喃	25	49.8	0.69	是	LS	1.9～15
		30	63.8	0.65	是	LS	3～32
聚苯乙烯	苯	25	9.18	0.743	是	LS	3～70
	氯仿	25	11.3	0.73	是	OS	7～180
	甲苯	25	11.2	0.73	是	OS	7～150
		30	4.9	0.794	是	OS	19～273
		25	13.4	0.71	是	OS	7～150
		30	9.2	0.72	是	LS	4～146
聚苯乙烯（阳离子聚合）	苯	30	11.5	0.73	是	LS	25～300
聚苯乙烯（阳离子聚合）	甲苯	30	8.81	0.75	是	LS	25～300
聚苯乙烯（等规立构）	甲苯	30	11.0	0.725	是	OS	3～37
聚甲基丙烯酸甲酯	氯仿	25	4.8	0.80	是	LS	8～140
	苯	25	4.68	0.77	是	LS	7～630
	丁酮	25	7.1	0.72	是	LS	41～340
	丙酮	20	5.5	0.73	否	SD	4～800
		25	7.5	0.70	是	LS, SD	2～740
		30	7.7	0.70	否	LS	6～263
聚乙酸乙烯酯	丙酮	25	19.0	0.66	是	LS	4～139
	苯	30	56.3	0.62	是	OS	2.5～86
	丁酮	25	42	0.62	是	OS, SD	1.7～120
聚丙烯腈	二甲基甲酰胺	25	16.6	0.81	是	SD	4.8～27
		25	24.3	0.75	否	LS	3～26
		35	27.8	0.76	是	DV	3～58

续　表

聚合物	溶　剂	温度/℃	$\dfrac{K}{10^3 \ mL/g}$	α	是否分级	测定方法	相对分子质量 M 范围/10^4
聚乙烯醇	水	25	459.5	0.63	是	黏度	1.2～19.5
		30	66.6	0.64	是	OS	3～12
聚丙烯酸	1 mol/L NaCl 水溶液	25	15.5	0.90	是	OS	4～50
聚丙烯酰胺	水	30	6.31	0.80	是	SD	2～50
硝化纤维素	丙酮	25	25.3	0.795	是	OS	6.8～22.4
	环己酮	32	24.5	0.80	是	OS	3.8～22.4
天然橡胶	苯	30	18.5	0.74	是	OS	8～28
	甲苯	25	50.2	0.667	是	OS	7～100
丁苯橡胶（50 度乳液聚合）	苯	25	52.5	0.66	是	OS	1～100
	甲苯	25	52.5	0.667	是	OS	2.5～50
	苯	30	16.5	0.78	是	OS	3～35
聚对苯二甲酸乙二醇酯	苯酚/四氯乙烷(1∶1)	25	21.0	0.82	是	E	0.5～3
聚二甲基硅氧烷	甲苯	25	21.5	0.65	否	OS	2～130
	丁酮	30	48	0.55	是	OS	5～66
聚碳酸酯	氯仿	25	12.0	0.82	是	LS	1～7
	二氯甲烷	25	11.0	0.82	是	SD	1～27
聚甲醛	二甲基甲酰胺	150	44	0.66	否	LS	8.9～28.5
聚环氧乙烷	甲苯	35	14.5	0.70	否	E	0.04～0.4
	水	30	12.5	0.78	否	E	10～100
		35	16.6	0.82	否	E	0.04～0.4
尼龙-66	邻氯苯酚	25	168.0	0.62	否	LS，E	1.4～5
	间甲苯酚	25	240.0	0.61	否	LS，E	1.4～5
	甲酸(90%)	25	35.3	0.786	否	LS，E	0.6～6.5

续 表

聚合物	溶 剂	温度/℃	$\dfrac{K}{10^3\ \text{mL/g}}$	α	是否分级	测定方法	相对分子质量 M 范围/10^4
聚己内酰胺	间甲苯酚	25	320.0	0.62	是	E	0.05~5
	甲酸(85%)	25	22.6	0.82	是	LS	0.7~12
尼龙-610	间甲苯酚	25	13.5	0.96	否	SD	0.8~2.4

注：OS 为渗透压；LS 为光散射；E 为端基滴定；SD 为超速离心沉淀和扩散；DV 为扩散和黏度。

$[\eta] = KM^\alpha$ 式中，$[\eta]$ 为特性黏度；M 为聚合物的相对分子质量。

附录九 历届诺贝尔化学奖获得者名单

获奖年份	获奖者	国 籍	主要成就
1901	范托霍夫	荷兰	化学动力学和渗透压定律
1901	费雪	德国	合成嘌呤及其衍生物多肽
1903	阿伦纽斯	瑞典	电解质溶液电离解理论
1903	拉姆赛因	英国	发现六种惰性气体，并确定他们在元素周期表中的位置
1905	拜耳	德国	研究有机染料及芳香剂等
1905	穆瓦桑	法国	分离元素氟、发明穆瓦桑熔炉
1907	毕希纳	德国	发现无细胞发酵
1908	卢瑟福	英国	研究元素的蜕变和放射化学
1909	奥斯特瓦尔德	德国	催化、化学平衡和反应速度
1910	瓦拉赫	德国	脂环族化合作用
1911	玛丽·居里(居里夫人)	法国	发现镭和钋，并分离出镭
1912	格利雅萨巴蒂埃	德国 法国	发现有机氢化物的格利雅试剂法 研究金属催化加氢在有机合成中的应用
1913	韦尔纳	瑞士	分子中原子键合方面的作用
1914	理查兹	美国	精确测定若干种元素的原子量
1915	威尔泰特	德国	叶绿素化学结构
1918	哈伯	德国	氨的合成

续 表

获奖年份	获奖者	国　籍	主要成就
1920	能斯脱	德国	发现热力学第三定律
1921	索迪	英国	放射化学、同位素的存在和性质
1922	阿斯顿	英国	用质谱仪发现多种同位素并发现原子
1923	普雷格尔	奥地利	有机物的微量分析法
1925	席格蒙迪	奥地利	阐明胶体溶液的复相性质
1926	斯韦德堡	瑞典	发现高速离心机并用于高分散胶体物质的研究
1927	格兰德	德国	发现胆酸及其化学结构
1928	温道斯	德国	研究丙酸及其与维生素的关系
1929	哈登 奥伊勒歇尔平	英国 瑞典	有关糖的发酵和酶在发酵中作用和作用研究
1930	费歇尔	德国	研究血红素和叶绿素,合成血红素
1932	朗缪尔	美国	提出并研究表面化学
1934	尤里	美国	发现重氮
1935	约里奥·居里	法国	合成人工放射性元素
1936	德拜	荷兰	研究 X 射线的偶极矩和衍射及气体中的电子
1938	库恩	德国	研究类胡萝卜素和维生素
1943	赫维西	匈牙利	化学研究中用同位素作示踪物
1944	哈恩	德国	发现重原子核的裂变
1945	维尔塔宁	芬兰	发现酸化法贮存鲜饲料
1946	奥姆纳 诺思罗普 斯坦利	美国	发现酶结晶,制出酶和病素蛋白质纯结晶
1947	罗宾逊	英国	研究生物碱和其他植物制品
1948	蒂塞利乌斯	瑞典	研究电泳和吸附分析血清蛋白
1949	吉奥克	美国	研究超低温下的物质性能
1950	狄尔斯 阿尔德	德国	发现并发展了双烯合成法

续 表

获奖年份	获奖者	国　籍	主要成就
1951	麦克米伦 西博格	美国	发现超轴元素锫等
1952	马丁 辛格	英国	发现分配色谱法
1953	施陶丁格	德国	对高分子化学的研究
1954	鲍林	美国	研究化学键的性质和复杂分子结构
1955	迪维格诺德	美国	第一次合成多肽激素
1956	欣谢尔伍德 谢苗诺夫	英国 苏联	研究化学反应动力学和链式反应
1957	托德	英国	研究核苷酸和核苷酸辅酶
1958	桑格	英国	确定胰岛素分子结构
1959	海洛夫斯基	捷克斯洛伐克	发现并发展极谱分析法,开创极谱学
1960	利比	美国	创立放射性碳测定法
1961	卡尔文	美国	研究植物光合作用中的化学过程
1962	肯德鲁 佩鲁茨	英国	研究蛋白质的分子结构
1963	纳塔 齐格勒	意大利 德国	合成高分子塑料聚烯烃的定向聚合
1964	霍奇金	英国	用 X 射线方法研究青霉素和维生素 B_{12} 等的分子结构
1965	伍德沃德	美国	人工合成类固醇、叶绿素等物质
1966	马利肯	美国	创立化学结构分子轨道学说
1967	艾根 波特	德国 英国	发明快速测定化学反应的技术
1968	昂萨格	美国	创立多种动力作用之间相互关系的理论
1969	巴顿 哈赛尔	英国 挪威	确定有机化合物的三维构象方面的工作
1970	莱格伊尔	阿根廷	发现糖核苷酸及其在碳水化合的生物合成中的应用

续 表

获奖年份	获奖者	国 籍	主要成就
1971	赫茨伯格 安芬森	加拿大 美国	研究分子结构,研究核糖核酸酶的分子结构
1972	穆尔 斯坦因	美国	研究核糖核酸酶的分子结构
1973	费舍尔 威尔金森	德国 英国	有机金属化学的广泛研究
1974	弗洛里	美国	研究高分子化学及其物理性质和结构
1975	康福思 普雷洛洛	英国 瑞士	研究有机分子和酶催化反应的立体化学, 研究有机分子及其反应的立体化学
1976	利普斯科姆	美国	研究硼烷的结构
1977	普里戈金	比利时	提出热力学理论中的耗散结构
1978	米切尔	英国	生物系统中的能量转移过程
1979	布朗 维蒂希	美国 德国	在有机物合成中引入硼和磷
1980	伯格 吉尔伯特 桑格	美国 美国 英国	研究操纵基团重组 DNA 分子,创立 DNA 结构 的化学和生物分析法
1981	福井谦一 霍夫曼	日本 美国	提出化学反应前线轨道理论,提出分子轨道 对称守恒原理
1982	克卢格	英国	晶体电子显微镜和 X 射线衍射技术研究核糖 蛋白复合体
1983	陶布	美国	对金属配位化合物电子能移机理的研究
1984	梅里菲尔德	美国	对发展新药物和遗传工程的重大贡献
1985	豪普特曼 卡尔勒	美国	发展了直接测定晶体结构的方法
1986	赫希巴赫 李远哲 波拉尼	美国 美籍华裔 德国	交叉分子束方法,发明红外线化学研究方法
1987	克拉姆 莱恩 佩德森	美国 法国 美国	发展并提出了超分子化学

续 表

获奖年份	获奖者	国 籍	主要成就
1988	戴森霍费尔 胡贝尔 米歇尔	德国	第一次阐明由膜束的蛋白质形成的全部细节
1989	切赫 奥尔特曼	美国 加拿大	发现核糖核苷酸催化功能
1990	科里	美国	创立关于有机合成的理论和方法
1991	恩斯特	瑞士	对核磁共振光谱高分辨方法发展做出重大贡献
1992	马库斯	美国	对化学系统中的电子转移反应理论做出贡献
1993	穆利斯 史密斯	美国 加拿大籍英裔	发明"聚合酶链式反应"法,在遗传领域研究中取得突破性成就;开创"寡聚核甙酸基定点诱变"方法
1994	奥拉	美国	在碳氢化合物即烃类研究领域做出了杰出贡献
1995	保罗·克鲁森 舍伍德·罗兰 马里奥·莫利纳	荷兰 美国 美国	解释了臭氧层厚度和空洞扩大的原因及对地球环境的影响
1996	罗伯特·柯尔 理查德·斯莫利 哈罗德·克罗托	美国 英国	发现了碳的球状结构-富勒式
1997	博耶 斯科 沃克	美国 丹麦 英国	蛋白质能量转化方面的开创性工作
1997	杰恩·斯库	丹麦	发现钠/钾离子泵
1998	沃尔特·库恩 约翰·波普尔	美国	量子化学计算方法
1999	艾哈迈德·泽维尔	埃及美国双重国籍	飞秒化学技术对化学反应过程进行的研究
2000	黑格 麦克德尔米德 白川英树	美国 美国 日本	发现能够到导电的塑料
2001	威廉·诺尔斯 巴里·夏普莱斯 野依良治	美国 美国 日本	在"手性催化氢化反应"领域取得的成就

续 表

获奖年份	获奖者	国 籍	主要成就
2002	约翰·芬恩 田中耕一 库尔特·维特里希	美国 日本 瑞士	发明了对生物大分子进行确认和结构分析、质谱分析的方法
2003	彼得·阿格雷 罗德里克·麦金农	美国	在细胞膜通道方面做出的开创性贡献
2004	阿龙·西查诺瓦 阿弗拉姆·赫尔什科 伊尔温·罗斯	以色列 以色列 美国	蛋白质控制系统方面的重大发现
2005	伊夫·肖万 罗伯特·格拉布 理查德·施罗克	法国 美国 美国	有机化学的烯烃复分解反应研究方面做出了贡献
2006	罗杰·科恩伯格	美国	在"真核转录的分子基础"研究领域所做出的贡献
2007	格哈德·埃特尔	德国	固体表面化学过程研究
2008	钱永健 下村修 马丁·沙尔菲	美籍华裔 日本 美国	生物发光现象研究
2009	万卡特拉曼·莱马克里斯南 托马斯·施泰茨 阿达·尤纳斯	英国 美国 以色列	"核糖体的结构和功能"的研究
2009	约西亚·威拉德·吉布斯	美国	提出了吉布斯定律
2010	理查德-赫克 根岸英一 铃木章	美国 日本 日本	开发更有效的连接碳原子以构建复杂分子的方法
2011	达尼埃尔·谢赫特曼	以色列	发现准晶体
2012	罗伯特·莱夫科维茨 布莱恩·克比尔卡	美国	G蛋白质偶联受体上的成就
2013	马丁·卡普拉斯 迈克尔·莱维特 阿里耶·瓦谢勒	美国	为复杂化学系统创立了多尺度模型
2014	埃里克·白兹格 威廉姆·埃斯科·莫尔纳尔 斯特凡·W·赫尔	美国 德国	超分辨率荧光显微技术领域取得的成就

续 表

获奖年份	获奖者	国 籍	主要成就
2015	托马斯·林达尔 保罗·莫德里奇 阿齐兹·桑贾尔	瑞典 美国 土耳其	DNA 修复的细胞机制研究
2016	让-彼埃尔 詹姆斯·弗雷泽·司徒塔特 伯纳德·费林加	法国 英/美 荷兰	分子机器的设计和合成
2017	雅克·杜波切特 阿希姆·弗兰克 理查德·亨德森	瑞典 德国 英国	开发冷冻电子显微镜用于溶液中生物分子的高分辨率结构测定
2018	弗兰西斯·阿诺德 乔治·史密斯 格里高利·温特	美国 美国 英国	实现了酶的定向转化 实现了多肽和抗体的噬菌体呈现技术

附录十　历届诺贝尔奖获得者中高分子相关学者成就介绍

诺贝尔奖设立 100 多年来,很多优秀的科学家因其杰出贡献获得了诺贝尔奖表彰,在此,我们特别介绍诺贝尔奖获得者中高分子领域的相关学者及其成就,希望从一个侧面让大家了解高分子发展的历程。以下部分信息来自于诺贝尔奖官方网站(https://www.nobelprize.org)。

1953 年诺贝尔化学奖得主:施陶丁格

施陶丁格(Hermann Staudinger)是德国化学家,1881 年 3 月 23 日生于德国的沃尔姆斯(Worms),1965 年 8 月 8 日在弗赖堡(Freiburg)逝世,终年 84 岁。他是 1953 年诺贝尔化学奖的获得者,堪称"高分子之父"。1932 年,施陶丁格总结了自己的大分子理论,出版了划时代的巨著《高分子有机化合物》,成为高分子科学诞生的标志。1947 年,他出版了《大分子化学及生物学》,并于同年编辑了《高分子化学》(*Die makromolekulare Chemie*)杂志,形象地描绘了高分子(Macromolecules)存在的形式。从此,他把"高分子"这个概念引入科学领域,并确立了高分子溶液黏度与相对分子质量之间的关系,创立了确定相对分子质量的黏度的理论(后来被称为"施陶丁格定律")。他的科研成就对当时的塑料、合成橡胶、合成纤维等工业的蓬勃发展起了积极作用。由于他对高分子科学的杰出贡献,在 1953 年,他以 72 岁高龄,走上了诺贝尔奖的领奖台,获奖理由是:for his discoveries in the field of macromolecular chemistry。

1963 年诺贝尔化学奖得主:齐格勒、纳塔

卡尔·齐格勒(Karl Ziegler)是联邦德国有机化学家。1898 年 11 月 26 日生于黑尔萨(Helsa),1973 年 8 月 12 日在米尔海姆逝世(Mülheim),终年 75 岁。1920 年获马尔堡大学化学博士学位。1927 年在海德堡大学任教授。1936 年任哈雷-萨勒大学化学学院院长。1943 年任威廉皇家学会(后称马克斯·普朗克学会)煤炭研究所所长,直至逝世。齐格勒在金属有机化学方面的研究工作一直占世界领先地位。1953 年,他利用铝有机化合物成功地在常温常压下催化乙烯聚合,得到聚合物,从而提出定向聚合的概念。

居里奥·纳塔(Giulio Natta)是意大利化学家。1903 年 2 月 26 日生于因佩里亚(Imperia)的毛里齐奥港,1979 年 5 月 1 日在贝尔格蒙(Bergamo)逝世,终年 76 岁。1924 年毕业于米兰工学院并获得工程博士学位。曾在米兰、都灵、帕多瓦和罗马等地的大学担任教授。1938 年回母校任教授兼工业研究所所长,1978 年改为退职荣誉教授。纳塔长期从事合成化学的研究,是最早应用 X 射线和电子衍射技术研究无机物、有机物、催化剂及聚合物结构的人之一。1938 年他由 1-丁烯脱氢制得丁二烯,进一步发展了最早的合成橡胶方法。他的更重要的成就是在研究催化分解过程中非均相催化剂的吸附现象和动力学方面。他于 1954 年从事规化聚合(见定向聚合)的研究,成功地从廉价的丙烯出发获得性能良好的,可用于塑料、纤维的等规聚丙烯。后来这一方法被成功地用到一般烯烃和双烯烃。

1953 年,齐格勒在研究有机金属化合物与乙烯的反应时发现,在常压下用 $TiCl_4$ 和 $Al(C_2H_5)_3$ 二元体系的催化剂可以使乙烯聚合成高相对分子质量的线型聚合物。1954 年纳塔用 $TiCl_3$-$Al(C_2H_5)_3$ 催化剂使丙烯聚合成全同立构的结晶聚丙烯,从此开创了定向聚合的新领域,该催化剂就是齐格勒-纳塔催化剂。1963 年,两人共获诺贝尔化学奖,获奖理由是:for their discoveries in the field of the chemistry and technology of high polymers。

1974 年诺贝尔化学奖得主:弗洛里

弗洛里(Giulio Natta)是美国高分子科学家,1910 年 6 月 19 日生于美国伊利诺依州斯特灵(Sterling),1985 年 9 月 8 日在大瑟尔(Big Sur)逝世,终年 75 岁。弗洛里 1934 年在俄亥俄州州立大学获物理化学博士学位,后任职于杜邦公司,从事高分子基础理论研究。1948 年在康奈尔大学任教授。1957 年任梅隆科学研究所执行所长。1961 年任斯坦福大学化学系教授,1975 年退休。1953 年当选为美国科学院院士。

他在高分子物理化学方面的贡献,几乎遍及各个领域。他既是实验家,又是理论家,是高分子科学理论的主要开拓者和奠基人之一。1936 年,提出等活性假定,用概率方法得到缩聚产物的相对分子质量分布,称弗洛里分布。1942 年,对柔性链高分子溶液的热力学性质,提出混合熵公式,即著名的弗洛里-哈金斯晶格理论,由此可以说明高分子溶液的渗透压、相分离和交联高分子的溶胀现象等。1965 年,他提出溶液热力学的对应态理论,可适用于从小分子溶液到高分子溶液的热力学性质。在柔性链高分子溶液方面,1949 年,

找到了溶液中高分子形态符合高斯链形态,溶液热力学性质符合理想溶液性质的温度-溶剂条件。此温度现称弗洛里温度或 θ-温度,此溶剂通称为 θ-溶剂。1951 年,得出著名的特性黏数方程式。1956 年,提出刚性链高分子溶液的临界轴比和临界浓度,在此浓度以上将出现线列型液晶相。在高分子聚集态结构方面,他 1953 年就从理论上推断高聚物非晶态固体中柔性链高分子的形态应与 θ-溶剂中的高斯线团相同,十几年后为中子散射实验所证实。他还建立了高聚物和共聚物结晶的热力学理论。他在内旋转异构体理论方面补充了近邻键内旋转的相互作用,使构象的计算达到实际应用所需的精确性,可以从分子链的化学结构定量地计算与高分子链构象统计有关的各种数值。著有《高分子化学原理》和《长链分子的统计力学》等。

因其在高分子科学领域,尤其在高分子物理性质与结构的研究方面取得的巨大成就,1974年获瑞典皇家科学院授予他诺贝尔化学奖,获奖理由是:for his fundamental achievements, both theoretical and experimental, in the physical chemistry of the macromolecules。

1991 年诺贝尔物理学奖得主:德热纳

皮埃尔-吉勒·德热纳(Pierre - Gilles de Gennes)是法国物理学家,1932 年 10 月 24 日生于巴黎(Paris),2007 年 5 月 1 日在奥尔塞(Orsay)逝世,终年 75 岁。1961 年成为奥尔塞巴黎大学固态物理学教授。1971 年以来,他一直在法兰西学院教授公共课,1976 年开始任巴黎物理和化学学院院长。1974 年,他编著了《液晶物理学》一书,此书至今仍是该领域的权威著作。1990 年,他获沃尔夫物理学奖。他的研究领域十分广泛,涉及物理、化学以及生物学多个方面。

20 世纪 60 年代末,德热纳组建了液晶研究小组,很快这个小组就在液晶研究领域占据了领导地位。德热纳对液晶知识的一个重要贡献就是解释了 30 年来一直未弄清楚的向列型液晶中的奇异光散射,他用复杂的方法证明了这种奇异光散射是由于取向有序中的自涨落产生的。德热纳的另一个重要贡献是给出了在液晶上施加微弱交流电场时转变点产生的条件。

德热纳对高分子聚合物的贡献主要有三方面:①关于溶液中柔性链无规线团的构象及统计理论。他成功地完成了将聚合物的问题属相变相联系的证明。从这个定理出发,他提出了高分子溶液的标度定律,从而大大发展了高分子的溶液理论。②研究了高分子熔体的缠结线团动力学,提出了爬行模型,该模型已为科学界广泛接受。这个理论是高分子熔体的一切理论基础,并且有重要的实际意义。③研究了高分子聚合物界面的行为。

他很善于处理复杂系统。他在研究中所涉及的一些系统,在他之前很少有人认为有可能用普遍的物理描述并加以概括。他证明了在差异如此明显的物理系统中,如磁体、超导体、液晶和聚合物溶液的相变,可以采用令人惊叹的通用数学语言来描述。他的工作表明,即使"不简单"的物理系统也能成功地用普遍方式来描述。

他开辟了物理学的新领域,并激励大家在这些新领域中做出许多理论工作和实验工作。这些工作不仅是纯粹研究性的,也为进行液晶、聚合物的物质形态的技术开发奠定了更扎实的基础。这也许就是因为他在极其广泛的不同物理系统中看出了有序现象的一般特性,并提出了这些系统从有序到无序的运动规律。

因把研究简单系统中有序现象的方法推广到更复杂的物质态,特别是在研究液晶和聚合物方面所作的贡献,德热纳获得了 1991 年度诺贝尔物理学奖,获奖理由是:for discovering that methods developed for studying order phenomena in simple systems can be generalized to more complex forms of matter, in particular to liquid crystals and polymers。

2000 年诺贝尔化学奖得主:黑格、麦克德尔米德、白川英树

黑格(Alan J. Heeger),美国物理学家,1936 年 1 月 22 日生于爱荷华州苏城(Sioux City)。1961 年获美国加州大学伯克利分校物理博士学位,2000 年获华南理工大学名誉理学博士学位。美国加州大学圣巴巴拉分校物理、化学、材料系教授,1982—1999 年任该校有机及高分子固体研究所所长,中国科学院化学所名誉研究员,中国科学院爱因斯坦讲座教授。

麦克德尔米德(Alan G. MacDiarmid)是美国高分子化学家,1927 年 4 月 14 日生于新西兰(New Zealand),2007 年

2 月 7 日在费城(Philadelphia)逝世,终年 80 岁。1947 年在维多利亚大学学院获得学士学位,1953 年在威斯康星大学麦迪逊分校获得博士学位,1955 年获剑桥大学博士学位,1956 年起在宾夕法尼亚大学任教。

白川英树(Hideki Shirakawa)是日本化学家,1936 年 8 月 20 日生于日本东京。1955 年从岐阜县立高山高中毕业,1961 年自东京工业大学理工系化工专业毕业后,又在该大学研究生院攻读化工专业博士学位,1966 年读完博士课程后便在东京工业大学资源科学研究所当了助教。1976 年他应黑格教授之邀赴美,在宾夕法尼亚大学担任博士研究员。1979 年他回到筑波大学任物质工程学系副教授,自 1982 年 10 月起一直担任筑波大学教授,现为筑波大学的名誉教授。

1977 年,在纽约科学院国际学术会议上,时为东京工业大学助教的白川英树把一个小灯泡连接在一张聚乙炔薄膜上,灯泡马上被点亮了。"绝缘的塑料也能导电!"此举让四座皆惊。白川英树(以下简称为"白川")自 20 世纪 70 年代开始研究这个课题。这一想法是在一次偶然的失败中提出的,却得到了巨大的成功。白川在东京工业大学研究有机半导体时使用了聚乙炔黑粉,一次,研究生错把比正常浓度高出上千倍的催化剂加了进去,结果聚乙炔结成了银色的薄膜。白川想,这薄膜是什么,其有金属之光泽,是否可导电呢? 测定结果这薄膜不是导体。但正是这个偶然给了白川极大的启发,在后来的研究中,他发现在聚乙炔薄膜内加入碘、溴,其电子状态就会发生变化。正在这时(1976 年)麦克德尔米德教授说,"很想看看那薄膜",就邀请白川到美国开展共同研究,于是就有了 3 人的合作。合作研究 2 个月后,薄膜的电导率提高了 7 位数,测定的指针摆动起来了,于是才有了学术会议上的一幕。

2000 年 10 月 10 日,白川英树、黑格、麦克德尔米德三名科学家因对导电聚合物的发现和发展而获得 2000 年度诺贝尔化学奖,获奖理由是:for the discovery and development of conductive polymers。

2005 年诺贝尔化学奖得主：肖万、格拉布、施罗克

伊夫·肖万（Yves Chauvin），法国科学家，1930 年 10 月 10 日出生于比利时（Menin，Belgium），2015 年 1 月 27 日在法国图尔（Tours）逝世，终年 84 岁。他是法国石油研究所教授。伊夫·肖万将他毕生的精力都投入在法国石油研究所（IFP）的工作中，在这家研究所，他设计并完成了 4 项大型的、在国际市场上获得巨大商业成功的工业方法。早在 1971 年，伊夫·肖万便建立了烯烃"换位合成法"的理论基础，即一项用于石油衍生品生产的合成技术，说明是何种金属化合物能够充当有机化学反应中的催化剂。

格拉布（Robert H. Grubbs）是美国化学家，1942 年 2 月 27 日出生于美国肯塔基州（Possum Trot，KY，USA）。1963 年在佛罗里达大学获得学士学位，1968 年在哥伦比亚大学 Ronald Breslow 教授指导下获得博士学位。1969 年任密歇根大学助理教授，1973 年任密歇根大学准教授。自 1978 年至今在加州理工学院（Caltech）任教授。1992 年，罗伯特·格拉布发现了金属钌的卡宾化合物能作为换位合成法中的金属化合物催化剂，这种催化剂在空气中很稳定，因此在实际生活中有多种用途。此后，格拉布又对钌催化剂做了改进，使这种"格拉布催化剂"成为第一种化学工业普遍使用的烯烃复分解催化剂，并成为检验新型催化剂性能的标准。

理查德·施罗克（Richard R. Schrock）是美国有机化学家，1945 年 1 月 4 日出生于美国伯尔尼（Berne，IN，USA）。他 1971 年获得哈佛大学无机化学博士学位，之后一年在剑桥大学为美国国家卫生基金会（NSF）做博士后研究。1972—1975 年受雇于杜邦公司研发中心；1975 年加入麻省理工学院，1980 年升为教授，1989 年获得弗雷德里克·G.凯斯荣誉教授称号。20 世纪 70 年代初，施罗克就开始研究新的亚甲基混合物。他试验了含有不同金属（如钽、钨和钼）的催化剂。经过近 20 年的研究，于 1990 年证实金属钼的卡宾化合物可以作为有效的烯烃复分解催化剂，研制成第一种实用的催化剂。

2005 年 10 月 5 日诺贝尔化学奖授予法国石油研究所的 Yves Chauvin 博士、美国加州理工学院的 Robert H. Grubbs 博士和美国麻省理工学院的 Richard R. Schrock 博士，以表彰他们对发展有机合成中的复分解反应所作出的突出贡献，获奖理由是：for the development of the metathesis method in organic synthesis.

附录十一　实验报告模板

西北工业大学
高分子才合成创新实验报告

姓　　名_____ 班级学号_____ 同组姓名_____

实验成绩_____ 实验日期_____ 指导教师_____

实验一　××××

实验目的：

　　1. ×××。

　　2. ×××。：

　　3. ×××。

实验原理：

　　×××。

实验原料及试剂：

　　　　×××药品　　质量或者体积　（取量方式）

　　　　×××药品　　质量或者体积　（取量方式）

　　　　×××药品　　质量或者体积　（取量方式）

实验装置：

　　　实验所用的仪器设备名称及型号

　　　实验装置图

实验步骤：

1. ×××：

2. ×××：

3. ×××：

…………

实验记录：

实验结果：

实验小结（总结本次试验需要注意的地方）：

思考题：

参 考 文 献

[1] 何卫东,金邦坤,郭丽萍. 高分子化学实验[M]. 合肥:中国科学技术大学出版社,2012.

[2] 赵立群,于智,杨凤. 高分子化学实验[M]. 大连:大连理工大学出版社,2010.

[3] 梁晖,卢江. 高分子化学实验[M]. 2 版.北京:化学工业出版社,2014.

[4] 李青山. 微型高分子化学实验[M]. 2 版. 北京:化学工业出版社,2009.

[5] 甘文君,张书华,王继虎. 高分子化学实验原理和技术[M]. 上海:上海交通大学出版社,2012.

[6] 周智敏,米远祝. 高分子化学与物理实验[M]. 北京:化学工业出版社,2011.

[7] 周诗彪,肖安国. 高分子科学与工程实验[M]. 南京:南京大学出版社出版,2011.

[8] 韩哲文. 高分子科学实验[M]. 上海:华东理工大学出版社,2005.

[9] 沈新元. 高分子材料与工程专业实验教程[M]. 北京:中国纺织出版社,2010.

[10] 倪才华,陈明清,刘晓亚. 高分子材料科学实验[M]. 北京:化学工业出版社,2015.

[11] RABEK J F. Experimental Methods in Polymer Chemistry[M]. New Jersey:John Wiley & Sons,1980.

[12] HIEMENZ P C,LODGE T P. Polymer Chemistry [M]. 2nd ed. Boca Raton:Taylor & Francis Group,2007.

[13] BRAUN D,CHERDRON H,REHAHN M,et al. Polymer Synthesis:Theory and Practice:Fundamentals,Methods,Experiments[M]. Berlin:Springer – Verlag Berlin Heidelberg,2013.

[14] MEBANE R C,RYBOLT T. Plastics and Polymers (Everyday Material Science Experiments)[M]. Washington,D. C. :21st Century,1997.

[15] VECCHIO R J D. Understanding Design of Experiments:a Primer for Technologists [M]. Munich:Hanser Publishers,1997.